L'ÉLECTRICITÉ
DANS LA FERME

PAR

MAXIMILIEN RINGELMANN

PROFESSEUR DE GÉNIE RURAL A L'ÉCOLE NATIONALE DE GRIGNON
DIRECTEUR DE LA STATION D'ESSAIS DE MACHINES AGRICOLES

Ouvrage contenant 60 figures

PARIS

LIBRAIRIE AGRICOLE DE LA MAISON RUSTIQUE
26, RUE JACOB, 26

1891

L'ÉLECTRICITÉ

DANS LA FERME

L'ÉLECTRICITÉ
DANS LA FERME

PAR

MAXIMILIEN RINGELMANN

PROFESSEUR DE GÉNIE RURAL A L'ÉCOLE NATIONALE DE GRIGNON
DIRECTEUR DE LA STATION D'ESSAIS DE MACHINES AGRICOLES

Ouvrage contenant 60 figures

PARIS

LIBRAIRIE AGRICOLE DE LA MAISON RUSTIQUE
26, RUE JACOB, 26

1891

L'ÉLECTRICITÉ

DANS LA FERME

AVANT-PROPOS

Le mot *électricité* est aujourd'hui une expression populaire; mais si beaucoup de personnes parlent souvent de l'électricité et de ses diverses applications industrielles, bien peu connaissent les principes généraux qui règlent l'emploi du fluide électrique dans chaque cas particulier (chimie industrielle, métallurgie, éclairage, transport de l'énergie, etc., etc.). Nul doute que si ces principes étaient mieux connus, il y aurait de plus nombreuses applications de la part des personnes susceptibles de les utiliser.

Au point de vue agricole, le fluide électrique peut être employé pour la production de la lumière, et surtout pour la transmission de la puissance à distance. Dans beaucoup de circonstances, les agriculteurs peuvent trouver à louer à bas prix des moulins à eau; avec une installation relativement peu coûteuse, ils pourraient transmettre la puissance de la roue hydraulique à la ferme et se procurer ainsi un travail mécanique disponible qui remplacerait avantageusement celui de la machine à vapeur. Dans un autre cas, l'industrie annexée à la ferme comporte une machine à vapeur dont on pourrait utiliser une partie de la puissance pour la production de l'électricité nécessaire à l'éclairage.

Il est incontestable que dans un avenir assez rapproché, les machines électriques prendront rang dans le matériel agricole déjà si complexe. Nous croyons donc utile de vulgariser les données que l'on possède aujourd'hui sur l'électricité.

Quoique les anciens (du temps de Thalès) avaient notion de certains effets de l'électricité, que le médecin anglais Gilbert résuma en 1600 dans son livre *de Magnete*, l'électricité est une science toute moderne. Nous ne ferons pas ici l'historique, même succinct, des travaux des Otto de Guerike, des Newton, des Grey, Franklin, Volta, Galvani et tant d'autres qui s'illustrèrent dans cette branche de la physique. Nous dirons seulement que l'invention de la pile électrique en 1800, de l'électro-magnétisme en 1820 et de l'induction en 1833 contribuèrent pour beaucoup aux applications de l'électricité.

« Lorsqu'il fut démontré, a dit M. Ed. Becquerel, qu'au moyen des effets d'induction on pouvait développer de l'électricité dans des circuits conducteurs par l'influence d'aimants dont les positions relatives avec celles des conducteurs venaient à changer dans des conditions déterminées, on songea à utiliser cette nouvelle source d'électricité dans laquelle l'action mécanique seule est en jeu. MM. Pixii, Saxton et Clarke, peu après la découverte de Faraday, construisirent des appareils qui portent le nom de ces ingénieurs; mais ce n'est que lorsqu'on chercha à produire économiquement la lumière électrique en utilisant l'intensité lumineuse de l'arc voltaïque, comme dans l'expérience de Davy, que l'on fit des machines d'induction capables de donner une quantité d'électricité que les actions mécaniques peuvent seules fournir à bas prix. Nous ne pouvons indiquer toutes les machines de ce genre aujourd'hui en usage, mais nous devons dire que celle dont le principe a été donné par M. Gramme en 1871, en raison des effets puissants qu'elle présente sous des dimensions relativement restreintes, a constitué un progrès réel dans la production de l'électricité à l'aide des forces mécaniques (1). »

Avant l'établissement de ces machines, il fallait consommer du zinc dans des *piles* pour se procurer le courant électrique; aujourd'hui on arrive au même résultat en consommant de la houille, qui coûte infiniment moins cher que le zinc.

A l'Exposition universelle de 1867, on remarquait déjà plusieurs tentatives de l'emploi industriel de l'électricité (ma-chine de Ladd); en 1873, à l'Exposition de Vienne (machines Gramme) et en 1878, à l'Exposition universelle de Paris. Mais la grande impulsion donnée au développement industriel de cette partie de la physique date de l'exposition d'électricité de Paris (1881), et en 1889 la question avait acquis une telle extension qu'il a fallu consacrer à l'électricité une classe toute spéciale à l'Exposition universelle (classe 6), qui comprenait près de quatre cents exposants.

Nous adopterons dans la suite de ce travail la méthode suivante : Après l'examen des *notions préliminaires,* unités électriques et mécaniques (chapitre Ier), nous examinerons successivement la *production de l'énergie électrique* (chapitre II), la *ligne électrique* (chapitre III) chargée de transmettre le courant de la machine génératrice aux différents récepteurs: lampes pour l'*éclairage électrique* (chapitre IV), ou dynamos pour la *transmission de la puissance* (chapitre V), et enfin les appareils et procédés employés pour emmagasiner l'énergie électrique, c'est-à-dire les *accumulateurs* (chapitre VI).

Le chapitre VII et dernier (*Résumé et conclusions*) sera, en quelque sorte, la synthèse de l'ensemble précédent.

----

(1) Exposition internationale d'électricité 1881.

CHAPITRE PREMIER

NOTIONS PRÉLIMINAIRES

Pour mieux comprendre les différents phénomènes qui se produisent lors du fonctionnement d'une machine électrique, il est nécessaire de connaître certaines notions préliminaires et l'explication de certains termes propres au langage spécial de la science électrique (1).

I. Le fluide électrique, lors de ses manifestations, n'est pas immobile : il circule à l'intérieur des corps soumis à

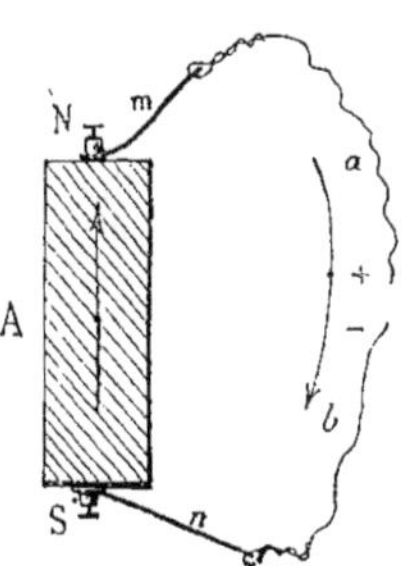

Fig. 1. — Générateur d'électricité.

son influence, et porte le nom de *courant électrique*.

Il y a deux sortes d'électricité, et pour les différencier l'une de l'autre, on leur a

donné les noms d'*électricité positive* et d'*électricité négative*.

Si nous considérons un générateur quelconque d'électricité A (pile ou machine électrique) (fig. 1), les deux fluides électriques s'accumulent en deux points N et S appelés *pôles* et de là à des plaques *m* et *n* appelées *électrodes* (ou *rhéophores*), auxquelles sont fixés des fils *a* et *b* dits *conducteurs*. L'un des fils, *a* par exemple, reçoit de l'électricité positive que l'on désigne par le signe $+$; l'autre, *b*, est électrisé négativement (signe $-$). Tant qu'il n'y a aucun contact entre les fils *a* et *b*, il n'y a pas de courant (on dit que le circuit est ouvert). Si le contact s'établit, le *circuit électrique* A N *m a b n* S A est *fermé;* il s'établit un *courant* qui, dans les conducteurs, va du pôle positif N au pôle négatif S, tandis que dans l'intérieur du générateur, le circuit est dirigé en sens inverse du pôle négatif S au pôle positif N. On entend donc par *courant* la recomposition continue des fluides électriques d'un générateur dont les pôles communiquent ensemble.

Pour que le générateur fonctionne, il n'a pas besoin d'être *isolé*, le courant électrique suivant toujours les corps les plus conducteurs.

II. Chaque fois que deux courants électriques sont en présence, ils exercent

---

(1) Il est bien entendu que nous ne nous occupons ici que d'*électricité dynamique*.

l'un sur l'autre une action attractive ou répulsive ; attractive si les courants sont dirigés dans le même sens, et répulsive si les courants vont en sens inverse l'un de l'autre. De telle sorte que si l'un des deux conducteurs est mobile (A, fig. 2), il s'approche ou s'éloigne de l'autre (B) suivant l'*influence de la réciprocité* des courants. C'est ce qu'on désigne sous le nom de loi d'Ampère ou loi de l'électro-dynamie.

III. Supposons que l'un des deux conducteurs précités (A, fig. 2) soit parcouru par des courants électriques (appelés *courants inducteurs*) et soit animé d'un mouvement, c'est-à-dire qu'il s'éloigne ou se

Fig. 2. — Représentation des lois de l'électro-dynamie et de l'induction.

rapproche de l'autre conducteur neutre B ; sous l'influence simultanée des courants et du mouvement, il se manifestera dans le conducteur neutre B, de plus faible résistance électrique, un courant appelé *courant induit.* C'est la loi de Faraday ou loi de l'induction.

IV. Le courant induit est de sens contraire du courant inducteur lorsqu'il y a rapprochement et de même sens lorsqu'il y a éloignement. C'est ce que l'on nomme la loi de Lenz.

Les conducteurs peuvent rester immobiles et la loi de Lenz peut encore se manifester, il faut alors que le courant inducteur soit discontinu : le courant induit est de sens contraire lors de l'arrivée du courant inducteur ; il est de même sens lors de sa disparition. (On trouve une application de ce cas spécial dans la bobine de Rhumkorff.)

V. Un des courants électriques peut être remplacé par l'influence d'un aimant (magnétisme) ou mieux, d'un *électro-aimant.* L'électro-aimant, à égalité de poids, donnant un *champ magnétique* plus puissant que l'aimant, on fut conduit à l'emploi de ce genre d'induction dans les machines électro-dynamiques. L'élec-

tro-aimant est composé en principe d'un axe ou noyau en fer doux F (fig. 3) placé à l'intérieur d'une bobine *b* sur laquelle est enroulé un fil de cuivre isolé *f.* Chaque fois qu'un courant électrique traverse le fil *f,* le noyau de fer

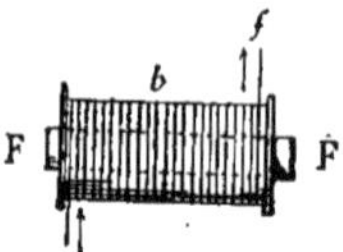

Fig. 3. — Electro-aimant.

doux F devient magnétique, et joue le rôle d'un aimant naturel ; le magnétisme cesse avec le courant qui traverse le fil de la bobine *b.*

Couplage des récepteurs.

Toute installation électrique comprend :

1° Un générateur d'électricité G, fig. 4, pile électrique ou machine dynamo-

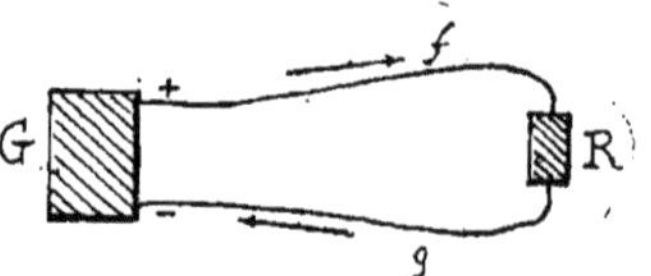

Fig. 4. — Couplage direct.

électrique qui, dans ce cas, porte le nom de *génératrice.*

2° Une ligne électrique formée de deux fils conducteurs *f* et *g* ; l'un des fils, *f,* dit fil d'aller ou conducteur principal ; l'autre *g,* appelé fil de retour.

3° D'un ou plusieurs récepteurs R

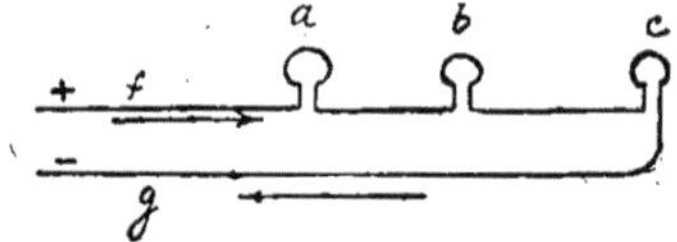

Fig. 5. — Couplage en tension.

(lampes ou moteurs électriques appelés dans ce cas *réceptrices*).

Lorsqu'il n'y a qu'un récepteur, comme dans la figure 4, ce dernier est en relation avec la génératrice par les deux fils *f* et *g.*

Lorsqu'il y a plusieurs récepteurs, leur couplage peut s'effectuer :

1° En *tension* ou en *série* lorsque les récepteurs *a*, *b*, *c* (fig. 5), sont intercalés à la suite les uns des autres dans le circuit *f g*. Ce système rend tous les récepteurs solidaires.

2° En *dérivation* (ou en quantité, surface ou arc multiple), lorsque chacun

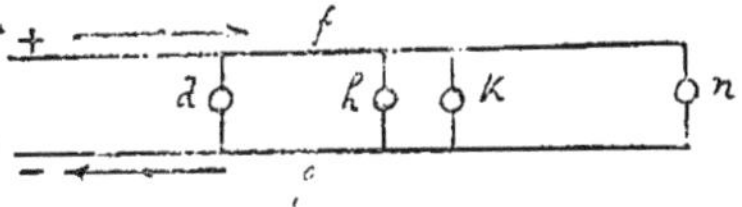

Fig. 6. — Couplage en dérivation.

des récepteurs *d*, *h*, *k*, *n* (fig. 6) est relié d'une part avec le conducteur + (*f*) et d'autre part avec le fil de retour — (*g*); ce genre de montage rend les récepteurs indépendants les uns des autres.

Les unités électriques.

Il est absolument impossible d'indiquer, de discuter les résultats d'expériences électriques (lumière, transport de la puissance, etc.) et de déterminer les diverses conditions d'applications, si l'on n'est pas au courant de certaines unités employées par les électriciens.

Certes, il sortirait du cadre de cette étude, d'expliquer en détail en quoi consistent ces différentes unités, aussi je tâcherai de les présenter sous une forme peut-être peu scientifique, mais qui, pouvant être comprise par le plus grand nombre, aura pour avantage de vulgariser ces notions.

Autrefois, dans chaque pays, les physiciens et les électriciens se servaient d'unités arbitraires spéciales, aussi est-ce avec un réel intérêt pratique que le congrès international des électriciens, réuni à Paris à l'occasion de l'Exposition universelle d'électricité en 1881, a arrêté les bases des unités électriques. — La sanction de ces unités a été donnée par le congrès international, réuni l'année suivante par le gouvernement français, auquel ont répondu toutes les puissances, depuis l'Angleterre, l'Allemagne, la Russie, la Norwège, jusqu'aux plus petites républiques de l'Amérique du Sud

(vingt-huit États y étaient représentés (1).

Le système adopté par le congrès international, ayant comme unités fondamentales : le *centimètre* (unité de longueur), le *gramme* (unité de poids), et la *seconde* (unité de temps), a pris le nom spécial de système *centimètre-gramme-seconde*, ou en abrégé système CGS, afin de le différencier des autres.

Il est intéressant de noter ici que, même dans les congrès de 1889, les électriciens ont tenu à conserver leurs unités CGS sans chercher à les faire concorder avec celles des mécaniciens qui sont : le *mètre* (unité de longueur), le *kilogramme* (unité de poids), et la *seconde* (unité de temps). — Sans insister sur les discussions qui ont eu lieu à ce sujet, tout en constatant que les différences entre les unités des électriciens et les unités des mécaniciens ont pour résultat de compliquer les choses au lieu de les simplifier et de rendre plus obscure, pour certaines personnes, la comparaison des deux systèmes, nous sommes obligés d'employer ici le système CGS.

Considérons un fil électrique ou circuit traversé par un courant, et cherchons les différents rapports qui peuvent exister entre le courant, son énergie et ses différentes manifestations :

1° Le **potentiel** est la pression électrique sur un point du circuit. Pour qu'il y ait courant, il faut que le potentiel à chaque point du circuit soit différent d'une quantité quelconque : c'est ce qu'on nomme la différence des potentiels. C'est en définitive comme pour une conduite d'eau sous pression : si la pression (potentiel) est la même aux deux extrémités de la conduite, il n'y a pas d'écoulement et le fluide est en repos; pour que ce dernier se mette en mouvement, il faut qu'à une extrémité de la conduite, la pression (finale) soit plus faible qu'à l'autre (pression initiale) : l'eau s'écoulera d'autant plus vite que la différence des pressions (différence des potentiels) sera plus grande : il en sera de même du fluide électrique circulant dans un conducteur.

2° La différence des potentiels dans un

---

(1) Le congrès s'est constitué au ministère des affaires étrangères le 16 octobre 1882, sous la présidence de M. Cochery, ministre des postes et télégraphes.

circuit correspond à une certaine force dite **force électro-motrice** (1). (En pratique, l'unité de force électro-motrice (*volt*) est à peu près celle qui est fournie par une pile Daniell.)

3° Le conducteur ou circuit traversé par le courant, présente au fluide électrique une certaine résistance : si le circuit est bon conducteur, sa résistance est faible ; s'il est mauvais conducteur, sa résistance est élevée, c'est-à-dire qu'il faudra un courant plus intense pour le traverser ; c'est ce qu'on nomme la **résistance** du corps ou du circuit (2). (L'unité pratique de résistance (*ohm*) est représentée par un fil de fer de 1,000 mètres de longueur et de 4 millim. de diamètre).

4° Le courant qui traverse le circuit est plus ou moins intense et cette **intensité** (3) dépend de la force électro-motrice et de la résistance du circuit. (L'unité pratique (*Ampère*) est représentée par un courant d'un volt traversant un circuit d'une résistance d'un ohm.)

5° Un courant d'une certaine intensité produit une certaine **quantité** d'électricité (4). (L'unité pratique (*Coulomb*) est la quantité d'électricité débitée par seconde par un courant d'un ampère.)

6° Lorsque l'électricité se condense ou s'accumule dans un corps, la quantité d'électricité emmagasinée dépend du corps considéré, c'est-à-dire de sa **capacité** (5). (La quantité d'électricité emmagasinée est fonction de la pression électrique (force électro-motrice) comme la quantité de gaz contenue dans un récipient dépend du volume du récipient et

---

(1) L'unité de force électro-motrice CGS est celle qui pour l'unité de quantité développe l'unité de travail (dite *erg*), c'est-à-dire le travail de la force d'une dyne (1 gramme à 1 centimètre).

(2) Le conducteur a une unité de résistance CGS lorsqu'une force d'une unité électro-motrice entre ses extrémités (ou plus exactement une différence de potentiel) y fait circuler un courant d'une unité d'intensité.

(3) L'unité d'intensité CGS est celle d'un courant qui, traversant un circuit de 0^m,01 de longueur roulé en arc de 0^m,01 de rayon, exerce une force de 1 gramme par seconde (force dite *dyne*) sur un pôle magnétique d'une unité d'intensité placé à son centre.

(4) L'unité de quantité CGS est la quantité d'électricité qui traverse par seconde le circuit précédent.

(5) Un condensateur a une capacité d'une unité lorsque chargé au potentiel d'une unité, il renferme une unité de quantité électrique.

de la pression du gaz ; l'unité pratique est le *farad*.)

Les cinq grandeurs fondamentales sont donc : l'*intensité*, la *quantité*, la *force électro-motrice*, la *résistance* et la *capacité*. Pour abréger, en même temps que pour honorer la mémoire des savants qui se sont occupés de la science électrique, on leur a donné les noms suivants, tout en les désignant par un symbole :

Grandeurs.	Symboles.	Noms des unités pratiques.
Intensité............	I	Ampère.
Quantité............	Q	Coulomb.
Force électro-motr.	E	Volt.
Résistance	R	Ohm.
Capacité	C	Farad.

La célèbre loi de Gabriel-Samuel Ohm, physicien d'Erlangen (Bavière), établit, ainsi qu'il suit, la relation entre les trois grandeurs d'intensité (I), de force électro-motrice (E) et de résistance (R) :

$$I = \frac{E}{R}$$

d'où l'on tire :

$$E = IR ;$$
$$R = \frac{E}{I}$$

Nous avons vu que la loi de Ohm donne

$$I = \frac{E}{R}$$

dans un autre cas on aurait pu avoir :

$$i = \frac{e}{r}$$

en divisant membre à membre ces deux égalités on aura

$$\frac{I}{i} = \frac{Er}{Re}$$

si dans cette relation on fait :

1° $r = R$, on a

$$\frac{I}{i} = \frac{E}{e}$$

ou en d'autres termes la *résistance du circuit étant constante, l'intensité du courant est directement proportionnelle à la force électro-motrice.*

2° $E = e$, on a

$$\frac{I}{i} = \frac{r}{R}$$

Pour une même force électro-motrice, l'intensité est inversement proportionnelle à la résistance du circuit.

C'est donc en diminuant la résistance du circuit, qu'on arrive à augmenter le rendement en intensité sans faire varier la force électro-motrice.

3° Si $I = i$, on a

$$\frac{E}{e} = \frac{R}{r}$$

Dans deux circuits de même intensité, les forces électro-motrices sont proportionnelles aux résistances.

En dehors des cinq unités précitées, on fait couramment usage de quelques autres dérivées des précédentes et parmi lesquelles il est indispensable de connaître :

Puissance électrique : l'unité est le **watt** ou le **volt-ampère**, puissance due à un courant d'un ampère sous une différence de potentiel égale à un volt.

Ainsi 1 cheval-vapeur (75 kilogrammètres par seconde) représente 736 watts (1). (Nous verrons plus loin qu'une machine dynamo-électrique produit, en pratique, 650 watts par cheval-vapeur, par suite des différentes déperditions du travail mécanique.)

$$1 \text{ watt} = \frac{1}{9.81} \text{kgmt par seconde} = 0^{\text{kgmt}}1019 \ (2),$$

c'est-à-dire, d'après la nouvelle nomenclature adoptée par le congrès international des mécaniciens (1889) :

$$1 \text{ Poncelet (3)} = 981,333 \text{ watts.}$$

La *loi de Joule* établit ainsi les relations entre la quantité de travail ou de chaleur W, l'intensité I du courant, la résistance R du circuit et le temps t :

$$W = I^2 R t$$

Si on remplace R par sa valeur $\left(\frac{E}{I}\right)$ tirée de la loi de Ohm, la loi de Joule se réduit en :

$$W = I E t$$

ou *la quantité de travail développé dans un circuit électrique est proportionnelle à l'intensité du courant, à sa force électro-motrice et au temps.*

----

(1) Le cheval-vapeur anglais (horse-power) est égal à 746 watts.

(2) Ce chiffre montre le peu de relation qui existe entre les unités des électriciens et des mécaniciens.

(3) Le Poncelet = 100 kilogrammètres par seconde.

Telles sont les *principales* mesures électriques dont nous aurons occasion de parler dans la suite de ce travail. — Ces unités étant aujourd'hui admises et employées dans tous les pays, je ne parlerai pas des anciennes mesures, qui compliqueraient l'étude sans aucun profit.

Les unités mécaniques.

Nous rappellerons en peu de mots les principales unités mécaniques dont nous aurons occasion de nous servir dans la suite de cette étude.

L'unité de force ou d'effort est le *kilogramme*.

Il y a un *travail mécanique* dépensé ou produit lorsque l'effort (la force ou la pression) se déplace et parcourt un certain *chemin*.

L'unité de chemin parcouru est le *mètre*.

L'unité de travail mécanique est le *kilogrammètre* qui correspond au travail produit par une force égale à 1 kilogr. se déplaçant suivant un chemin égal à 1 mètre.

Donc si F est l'intensité de l'effort (en kilogrammes) dans la *direction* du chemin parcouru L (en mètres), le travail mécanique T a pour expression

$$T = F L$$

Ainsi un cheval qui exerce un effort de traction de 75 kilogr., se déplaçant suivant un chemin dont la longueur est de 100 mètres, produit dans ce cas un travail mécanique de

$$75 \times 100 = 7500 \text{ kilogrammètres.}$$

La *puissance* est la quantité de travail mécanique que peut fournir un moteur pendant l'unité de temps, qui est la seconde.

Ainsi dans l'exemple précédent, le cheval parcourant les 100 mètres en 125 secondes, ou ayant une vitesse de $0^{\text{m}},80$ par seconde, sa puissance sera de :

$$75 \times 0,80 = 60 \text{ kilogrammètres.}$$

L'unité de puissance mécanique est donc le kilogrammètre par seconde (effort $\times$ chemin parcouru par seconde par cet effort et suivant sa direction).

L'unité industrielle de puissance était

autrefois le *cheval-vapeur* qui est égal à 75 kilogrammètres par seconde.

Le congrès international des mécaniciens en 1889 a fixé la nouvelle unité industrielle de puissance mécanique à 100 kilogrammètres par seconde en lui donnant le nom du célèbre ingénieur *Poncelet* (1).

En Angleterre, l'unité industrielle qui est le cheval-vapeur (horse-power) ne correspond pas à notre ancienne unité française :

1 horse-power = 75,9 kilogrammèt. par seconde.
— = 1,0139 cheval-vapeur.

On emploie souvent l'unité dite *cheval-heure* pour exprimer la quantité de travail mécanique fournie par un moteur quelconque :

1 cheval-heure = $75^{kgm} \times 3600'' = 270000^{kgm}$.

Dans cet ordre d'idées on aurait :

1 Poncelet-heure = $100^{kgm} \times 3600'' = 360000^{kgm}$.

La puissance d'un moteur (hydraulique, à vapeur, etc.) se mesure en multipliant l'effort F tangentiel sur le volant ou la poulie par le chemin parcouru par seconde à la circonférence.

Si R est le rayon du volant ou de la poulie, n son nombre de tours par minute

$$\frac{2 \pi R n}{60}$$

représente la vitesse à la circonférence par seconde, et

$$F \frac{2 \pi R n}{60}$$

est la puissance fournie par la machine en kilogrammètres, par seconde.

Ainsi, par exemple, soit un moteur dont la poulie d'un rayon de $0^m,30$, fait 120 tours par minute et exerce un effort tangentiel sur la courroie de 30 kilogrammes.

La puissance en kilogrammètres, par seconde, est

$$\frac{30^k \times 2 \times 3,14 \times 0.30 \times 120}{60} = 113,10 \ ^{kgm}$$

La puissance de ce moteur est :

113,10 kilogrammètres par seconde.

$$\frac{113,10}{75} = 1,5 \text{ cheval-vapeur.}$$

$$\frac{113,10}{100} = 1,13 \text{ poncelet.}$$

La transformation des unités mécaniques industrielles en unités électriques s'indique en watts :

1 kilogrammètre = 9,81 watts.
1 cheval-vapeur = 736,00 —
1 horse-power = 746,00 —
1 poncelet = 981,33 —

Le tableau suivant résume les rapports qui existent entre les différentes unités mécaniques et électriques précédentes :

---

(1) Je rappellerai ici que les électriciens emploient comme unité C. G. S. de travail, l'*erg* — travail produit par une force de 1 *dyne* agissant sur un chemin égal à 1 centimètre.

La *dyne* est la force qui, agissant sur la *masse* de 1 gramme pendant une seconde lui imprime une vitesse égale à 1 centimètre par seconde.

Une force de 1 gramme = 981 dynes;

1 dyne = $\frac{1}{981}$ de grammes.

1 meg-erg = 1.000.000 ergs.
1 kilogrammètre = 98.100.000 ergs = 98,1 meg-ergs.
1 cheval-vapeur = 7,360 meg-ergs = 7.360.000 ergs.

UNITÉS	KILOGRAMMÈTRE	CHEVAL-VAPEUR	PONCELET	WATT
Kilogrammètre........	1	0,0133	0,01	9,81
Cheval-vapeur........	75	1	0,75	736
Poncelet.............	100	1,33	1	981,33
Watt.................	0,1019	0,0013	0,001019	1

CHAPITRE II

PRODUCTION DE L'ÉNERGIE ÉLECTRIQUE

LES MACHINES DYNAMO-ÉLECTRIQUES

Dans toute machine magnéto-électrique on peut distinguer deux parties :

1° La *carcasse* magnétique ou inducteur A (fig. 7) dont le but est de produire

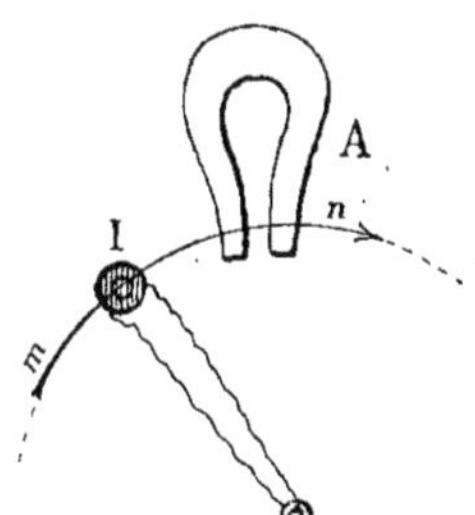

Fig. 7. — Principe d'une machine magnéto-électrique.

un champ magnétique aussi intense que possible.

2° L'*induit* I formé d'un fil enroulé, dont le but est d'utiliser le plus complètement possible le champ magnétique de l'inducteur.

Le courant électrique est donc obtenu par le déplacement *m n* du fil de l'induit I dans le champ magnétique de la carcasse A.

De la longueur du fil soumis à l'influence magnétique, de la vitesse de déplacement de ce fil, de la puissance magnétique de l'aimant dépend l'énergie du courant produit par la machine.

La grande longueur du fil est obtenue par l'enroulement en bobine que l'on fait tourner dans le voisinage le plus immédiat de l'aimant.

Dans la première machine magnéto de Pixii (1832), les deux bobines qui portaient les fils de l'induit étaient fixes et l'aimant tournait. Cette disposition a été vite abandonnée (Saxton, Clarke, 1834), car l'aimant est beaucoup plus lourd que l'induit; aujourd'hui l'induit seul est mobile et la carcasse reste fixe.

Les machines dans lesquelles le champ magnétique, ou la carcasse, est constitué par un aimant permanent sont dites *magnéto-électriques* ou simplement *magnétos*.

A poids égal, l'électro-aimant étant environ vingt-cinq fois plus puissant qu'un aimant permanent, Wilde (Exposition universelle de 1867) remplaça avec

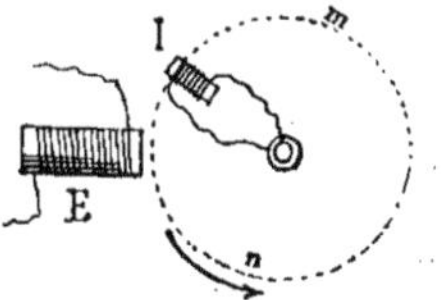

Fig. 8. — Principe d'une machine dynamo-électrique.

succès l'aimant des machines magnétos, par un électro-aimant E (fig. 8), lequel en augmentant l'intensité du champ magnétique augmenta par suite l'intensité des courants produits. Ces machines portent le nom de *dynamo-électriques* ou simplement *dynamos* par opposition aux premières (1).

Dans les machines électriques actuelles l'excitation de l'électro-aimant (qui doit fournir le courant inducteur) est obtenu de différentes façons :

1° *Excitation séparée*. — On peut employer une petite dynamo dont le courant est uniquement utilisé pour exciter les électros de la grande machine. Cette dynamo spéciale porte le nom d'*excitatrice*. Il faut donc une machine supplémentaire pour une ou plusieurs dynamos (fig. 9), mais la puissance de chaque dynamo est plus grande.

2° *Auto-excitation* ou *self-induction*. — Dans cette catégorie se rangent les dynamos qui produisent elles-mêmes leur courant inducteur; ce dernier est pris sur le courant produit, de sorte que les

Fig. 9. — Machine dynamo-électrique à courants alternatifs et (sur la droite de la figure) excitatrice à courants continus de Siemens.

inducteurs (électro-aimant), l'induit, le circuit excitateur ou circuit intérieur, et le circuit extérieur ne forment qu'un ensemble ; mais il y a plusieurs cas d'application à considérer :

On appelle *série-dynamo* une machine dans laquelle la totalité du courant produit passe dans les inducteurs avant de se rendre dans le circuit extérieur, de telle sorte que le courant obtenu, excite l'électro-aimant, sert à l'entretien de la production de l'énergie électrique avant d'être utilisé dans le circuit. La puissance de ces machines est donc solidaire avec la résistance du circuit extérieur; elles peuvent chauffer ou se désamorcer, ce qui peut entraîner le renversement des pôles et par conséquent du courant; on arrive à supprimer cet inconvénient à l'aide de certains mécanismes (le brise-courant de Gramme). Mais ces série-dynamos sont les plus simples de construction et les moins coûteuses.

On appelle *shunt-dynamo* une machine dans laquelle le courant inducteur n'est qu'une partie du courant fourni par l'induit ; son principe a été indiqué dès 1867 par Wheatstone. Dans la bobine de fil qui joue le rôle d'induit, il y a un certain nombre de spires qui servent à la self-induction ; le courant produit par le reste du fil étant envoyé dans le circuit extérieur. Ces machines exigent un système de réglage très soigné ; elles sont surtout très sensibles aux variations de vitesse.

---

(1) Cette dénomination est d'ailleurs mauvaise et n'explique pas bien la composition de la machine.

3° *Compound-induction*. L'induction de ces machines est une combinaison de l'excitatrice et du shunt-dynamo. L'électro-aimant inducteur est excité par deux courants à la fois, l'un provenant de la machine même (shunt-dynamo), l'autre provenant d'une excitatrice séparée. L'utilité de ce système, dû à Brush, a été démontré en 1881 par M. Marcel Deprez. Ce dispositif exige des inducteurs puissants et une vitesse constante, mais il a l'avantage de proportionner la production de l'électricité à la consommation.

Pour les installations agricoles, il convient d'adopter de préférence les machines montées en série-dynamo ou en shunt-dynamo.

Dans les machines simples, l'induit I (fig. 8), par son mouvement de rotation, s'approchant et s'éloignant sans cesse de l'inducteur E, le courant que l'on obtient est alternatif : il change à chaque instant de sens (IV. Loi de Lenz). C'est-à-dire que le circuit extérieur est parcouru par un certain nombre de courants, mais deux courants consécutifs sont de sens contraires. Ces machines sont dites *dynamos à courants alternatifs*.

Dans certains cas, il est indispensable d'avoir des courants continus, c'est-à-dire de même sens. On a été conduit à employer un organe appelé *commutateur*, dont le jeu consiste à renverser, aux moments convenables, les deux contacts qui relient les bobines mobiles de l'induit au circuit extérieur. Les conducteurs sont alors parcourus, non par un courant rigoureusement continu (comme celui que produirait une pile, par exemple), mais d'un très grand nombre de courants de même sens, ce qui est suffisant pour la pratique, car ces courants qui traversent le circuit sont renversés jusqu'à 30,000 fois par minute, ou 500 fois par seconde! Les machines montées de cette façon sont dites *dynamos à courants continus*.

Édison conseille de proscrire complètement les courants alternatifs, ou tout au moins de fixer leur intensité à 200 volts, les courants continus pouvant atteindre 700 volts. D'après des expériences faites dans le laboratoire d'Edison, des veaux ont été foudroyés au bout de deux secondes par l'action d'un courant alternatif de 700 volts ; un cheval du poids de 600 kilogr., qui recevait le même courant d'une jambe de derrière à l'autre, a été également tué. Dans une expérience d'Arsonval un chat a pu supporter un courant continu de 3,000 volts ; le même animal a succombé sous un courant alternatif de 220 volts ; un courant alternatif de 5 volts produit des convulsions chez un homme.

Ces expériences montrent le danger qu'il y a à se servir de machines à courants alternatifs, malgré l'isolement des conducteurs, isolement qui du reste n'est pas toujours parfait.

Les machines à courants continus sont donc préférables, surtout pour les applications agricoles, et leur grand avantage est d'être *réversibles*, c'est-à-dire qu'une

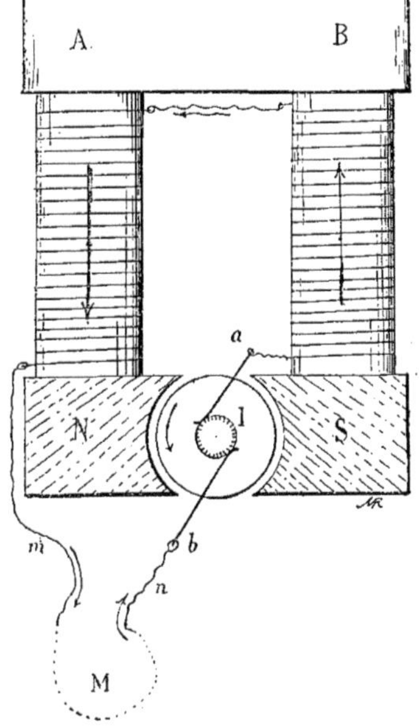

Fig. 10. — Principe d'une machine dynamo-électrique (montée en série dynamo).

dynamo engendrant un *courant continu* sous l'influence d'un mouvement de rotation, peut aussi utiliser un *courant continu* pour s'animer d'un mouvement uniforme. C'est sur cette application du principe de Carnot qu'est basée la transmission de la puissance à distance.

Nous ne voulons pas passer en revue les différents types de dynamos, cela serait trop long, et d'ailleurs cette description sortirait de notre cadre. Nous pensons qu'avec les données précédentes et avec les quelques indications qui vont suivre, on comprendra suffisamment le principe de ces machines.

Soit une dynamo (fig. 10, machine genre Édison), dont l'inducteur est formé d'un électro-aimant à deux branches AN et BS, réunis par une semelle A B. Entre les pôles N et S se meut un arbre horizontal garni de bobines de fil de cuivre qui forme l'induit I. Le mouvement de rotation de l'induit produit un courant électrique dans les bobines reliées à un anneau

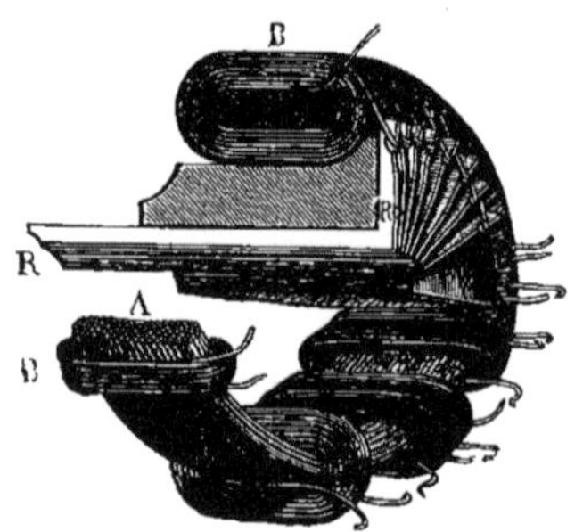

Fig. 11. — Anneau de Gramme.

métallique fixé sur l'arbre et qui tourne avec ce dernier ; un frotteur également métallique ou *balai a*, en contact avec cet anneau, appelé *collecteur*, fait passer le courant dans le circuit fixe. Le courant circule dans les fils qui entourent les électro-aimants SB et AN de l'inducteur et sort de la machine pour parcourir le circuit extérieur *m M n* où le fluide est utilisé ; il rentre dans l'induit par le balai *b*. Tel est, en peu de mots, le principe général d'une machine montée en série dynamo.

Les dispositions particulières des différentes dynamos résident dans le mode d'enroulement des fils de l'induit, dans la position de l'induit par rapport aux inducteurs, dans la forme de ces derniers et dans le commutateur.

L'induit est constitué en principe par

un ou plusieurs *noyaux* en fer doux sur lesquels s'enroulent en hélice des fils de cuivre. — L'induit peut avoir la forme :

1° D'un anneau (machine Gramme, de Méritens, Pacinotti, Bürgin, etc.); dans

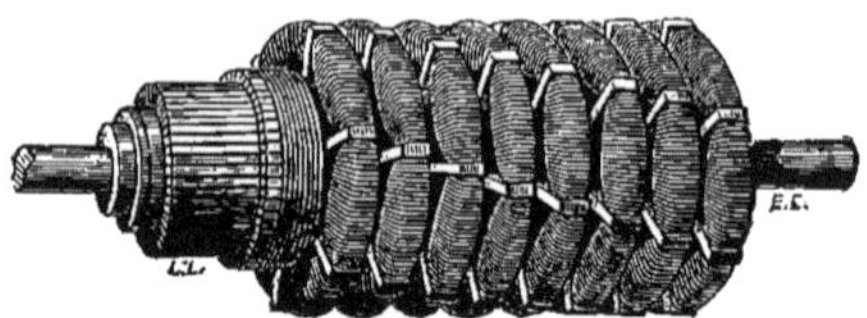

Fig. 12. — Induit de la dynamo Bürgin.

la machine Gramme (fig. 11) (1) l'induit est un noyau annulaire A en fils de fer sur lequel sont enroulées transversalement les hélices B en fils de cuivre ; chaque hélice est reliée à des plaques R dont le prolongement forme le collecteur ; on voit entre les hélices et les collecteurs la couche isolante. Dans la dynamo Bürgin (fig. 12), l'induit est formé de six anneaux distincts montés sur le même axe ;

2° D'un disque (machine Brush, Ferranti, Alteneck Siemens, etc.). Dans la machine de Brush (fig. 13), l'induit est un anneau en fonte, à section rectangulaire, creusé de rainures dans lesquelles se loge le fil dont l'axe d'enroulement est dirigé suivant les rayons ;

3° D'un tambour cylindrique (machine Édison (fig. 14), Siemens (voir fig. 9) excitatrice, Helvetia, etc.) ;

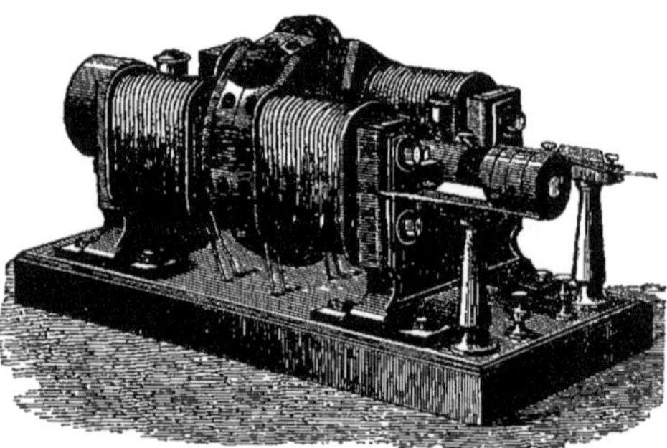

Fig. 13. — Machine dynamo-électrique de Brush.

4° D'une sphère (E. Thomson, Jablochkoff, etc.);

(1) Les figures 11 à 15 ont été mises à notre disposition par M. E. O. Lami (*Dictionnaire de l'industrie et des arts industriels*).

5° D'une étoile ou à pôles rayonnants (Siemens, Lontin).

En pratique, on emploie le plus fréquemment les trois premières formes.

Les fils ou les lamelles de fer doux qui constituent le noyau sont isolés avec de l'amiante ou du mica. Les fils de cuivre formant les hélices sont également isolés ; on emploie souvent comme isolant un mélange de bitume de Judée, de cire et de résine dissous dans de l'essence de térébenthine.

Les lamelles du collecteur R (fig. 11) doivent être également séparées par une couche de matière isolante (mica, carton d'amiante, fibre, etc.). Souvent, par un travail exagéré des dynamos, ces collecteurs s'échauffent et l'élévation de température compromet l'isolant (le mica devient friable) ; l'humidité amène souvent des pertes d'énergie électrique lorsque l'isolant est de nature végétale (fibre). Aussi certaines machines sont entièrement dépourvues de matières isolantes : les dynamos « Belfort » (de la Société alsacienne de constructions mécaniques) ont le collecteur formé de barres d'acier (au lieu de cuivre ou de laiton) disposées à jour et l'isolement est obtenu par l'air (lequel est un isolant parfait); l'emploi d'un isolant à jour permet en outre de graisser la pièce avec de l'huile.

Les frotteurs ou balais sont en fils ou en plaques de cuivre montés sur un support isolant mobile afin de régler leur position, car l'inclinaison du plan de commutation varie avec la résistance du circuit extérieur ; ce réglage se fait le

Fig. 14. — Dynamo Edison.

Fig. 15. — Dynamo Phœnix.

plus souvent à la main à l'aide d'un levier (fig. 14), dans les grandes installations le réglage est automatique. — Le réglage des balais ne peut être fixe que pour les dynamos montées en série (fig. 13).

Les induits tournent avec une très grande vitesse et doivent passer le plus près possible des inducteurs afin de mieux utiliser le champ magnétique; ils doivent être très solides afin de ne pas se déformer sous l'action de la force centrifuge : les induits en forme de tambours

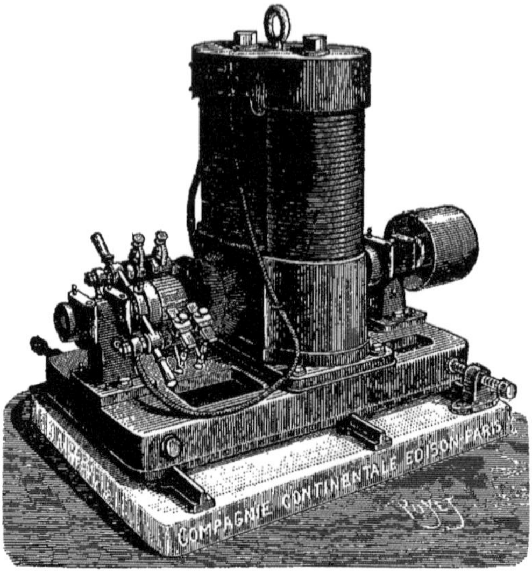

Les inducteurs sont formés également d'un noyau en fer doux ou en fonte, ces derniers sont forcément plus volumineux, la fonte ayant une capacité magnétique inférieure au fer. Le fil enroulé sur les inducteurs est d'un assez gros diamètre afin de présenter une faible résistance totale.

Les inducteurs, généralement au nombre de deux ou quatre, ont la forme cylindrique à pôles conjugués ou opposés; ils sont à axe horizontal (machine Gramme, type d'atelier; machine Phœnix (fig. 15), etc.) ou à axe vertical (machine Edison (fig. 8), Belfort, etc.); quelquefois la section des inducteurs est un rectangle (dynamo-Gramme, Siemens (fig. 9 excitatrice), Brush (fig. 13); dans certains dynamos, les inducteurs à section rectangulaire sont courbés en anneau (machine Pacinotti-Méritens; Helvétia). Pour les fortes machines (Gramme modèle octogonal), on emploie huit inducteurs en forme de prismes rectangulaires.

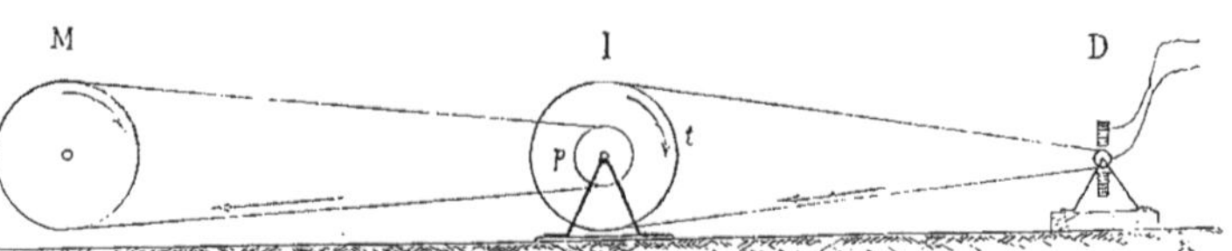

Fig. 16. — Dynamo monté sur rails.

cylindriques sont renforcés à cet effet par des anneaux extérieurs (voir fig. 9, excitatrice). Les arbres doivent avoir de longues portées et leur système de graissage doit être très soigné.

Les inducteurs sont fixés au bâti de la machine, bâti qui supporte lui-même les paliers de l'arbre de l'induit, de telle sorte que l'axe est indépendant des inducteurs; toutefois dans la dynamo Phœnix (fig. 15) les paliers de l'arbre de l'induit font

Fig. 17. — Commande d'une machine dynamo-électrique.

corps avec la carcasse qui réunit les pôles des inducteurs.

Les dynamos peuvent être boulonnés sur une pierre, un massif de maçonnerie ou sur un bâti en bois. Mais il est préférable de les monter sur des rails ou glissières horizontales (fig. 16); des vis de réglage permettent alors un léger déplacement de la machine afin de corriger, même en marche, l'allongement de la courroie de commande.

La courroie est placée autant que possible suivant une direction horizontale ou peu oblique, le brin moteur étant au-dessous. La figure 17 montre le schéma de l'installation d'une dynamo D. La machine motrice M (à vapeur ou hydraulique) actionne un arbre intermédiaire I par la poulie p ; sur cet arbre est calé un tambour t qui actionne la poulie de la dynamo D. La figure 17 indique le sens des mouvements de rotation ; la distance des axes I et D doit être au moins de 3 mètres. L'arbre intermédiaire I est destiné à augmenter le nombre de tours de la machine motrice M.

Travail des Dynamos

Voici quelques chiffres sur différentes machines dynamo-électriques (en laissant de côté les modèles qui exigent plus de 10 chevaux-vapeur, c'est-à-dire qui produisent $10 \times 736 = 7,360$ watts).

Machines Édison à compound-induction (Compagnie continentale Édison).

	TYPES		
	C	D	H
Débit normal en watts	2200	3300	6600
Débit normal en ampères à 55 volts	40	60	120
Débit normal en ampères à 75 —	30	45	90
Débit normal en ampères à 110 —	20	30	60
Capacité en lampes de 10 bougies de 4 watts	55	82	165
Puissance en chevaux-vapeur (1 cheval = 650 watts)	3,38	5	10
Nombre de tours par minute	2000	1650	1400
Poids en kilogrammes	180	305	660

Dynamos-Belfort (Société alsacienne de constructions mécaniques).

	MODÈLES				
	D. 1.	D. 2.	D. 3.	D. 4.	D. 5.
Tension normale en volts	»	»	65 et 110		»
Intensité en ampères	18	30	50	70	100
	12	20	30	40	70
Débit normal en watts	1170	1950	3250	4550	6500
	1320	2200	3300	4400	7700
Nombre de tours approximatifs par minute	1500	1300	1200	1200	1100
Largeur de la courroie	0.075	0,100	0,100	0,120	0,150
Poids de la machine en kilogrammes	180k	260k	400k	600k	730k

Machines Helvetia (R. Aliot et Cie).

MODÈLES	Puissance en chevaux-vapeur mesurés sur la poulie.	Débit normal en watts.	AMPÈRES à la tension de		POIDS approximatif net.			DIMENSIONS en centimètres.			Nombre de tours par minute (à 120 volts.)
			65 volts.	120 volts.	Dynamo	Tendeur de courroie.	Total.	Longueur.	Largeur.	Hauteur.	
H	0.9	450	7.5	»	50k	12k	62k	43	26	29	2000
I	1.2	600	10	»	75	15	90	50	30	33	1750
K	1.7	900	15	»	120	20	140	57	35	38	1550
L	2.2	1200	20	»	180	30	210	64	40	43	1400
M	3.2	1800	30	15	240	40	280	72	44	48	1250
N	4.2	2400	40	20	330	55	385	80	49	53	1100
O	6.2	3600	60	30	440	70	510	90	54	58	1000
P	8.2	4800	80	40	580	90	670	100	59	63	910
Q	12.0	7200	120	60	770	120	890	110	65	70	830
R	15.8	9600	160	80	1040	160	1200	120	72	78	740

Les machines Helvétia sont munies d'un volant destiné à atténuer les variations de vitesse qui pourraient exister dans le mouvement de commande ainsi qu'au passage des joints de courroies.

Le *coefficient de transformation* est le rapport du travail absorbé au travail transformé en énergie électrique ; ce coefficient, surtout intéressé par les frottements de l'arbre dans ses coussinets et par la résistance de l'air au mouvement de l'induit et de la poulie, atteint 95 0/0.

Le *rendement commercial ou industriel* est le rapport du travail absorbé à l'énergie électrique disponible dans le circuit extérieur ; ce rendement atteint 85 et 86 0/0. — Voici à ce sujet quelques chiffres fournis par la dynamo Belfort, type D 5 (inducteurs en série).

Dynamo-Belfort.

Tension normale..	120 volts.
Intensité normale...	60 ampères.
Vitesse normale	1100 tours.

Pertes.	Energie dissipée dans le fil de l'induit....... 122,4 watts		
	— — — l'inducteur.... 270,0 —	1052 watts.
	Pertes mécaniques et magnétiques.......... 660	

Énergie totale à fournir au moteur pour lui faire produire 8 chevaux à raison de 736 watts par cheval) :

$$(8 \times 736) + 1052 = 6940 \text{ watts.}$$

Rendement industriel :

$$\frac{8 \times 736}{6940} = 84,4 \ 0/0$$

Le rendement des dynamos est sensiblement le même, qu'elles fonctionnent comme génératrices ou comme réceptrices, ce qui est intéressant au point de vue des transmissions de la puissance mécanique au moyen des machines électriques. Ainsi, avec deux dynamos Belfort D 5 réunies par une ligne absorbant 4 0/0 de l'énergie fournie par la génératrice, on a obtenu un rendement industriel de 72 0/0.

Le rendement industriel des dynamos augmente avec leur débit, comme le montrent les quelques résultats suivants :

Dynamo-Belfort.

Types D 7 en dérivation : 16500 watts, rendement..................... 91 0/0.
Types D 12 en dérivation : 55000 watts, rendement..................... 93,5 0/0

Pour les usages agricoles, il faut pouvoir compter sur un rendement *industriel* de 84 à 86 0/0.

On voit que les machines dynamo-électriques sont aujourd'hui très perfectionnées, car leur coefficient de transformation atteint 85 à 95 0/0, c'est-à-dire que l'énergie électrique développée atteint les 85 ou 95 centièmes du travail mécanique fourni. Le rendement commercial varie de 65 à 86 0/0 dans le circuit extérieur directement utilisable, soit pour l'éclairage, soit pour le transport de la puissance. Les améliorations qu'il y aurait lieu d'apporter aux dynamos concernent surtout la construction, la facilité de réparation et les diminutions dans les poids et les prix.

La conduite des dynamos n'exige pas d'ouvriers spéciaux, un surveillant intelligent suffit dans tous les cas ordinaires de la pratique industrielle. Il n'y a donc aucune objection sérieuse à faire sous ce rapport ; qu'on se rappelle les oppositions analogues que l'on faisait au début de l'introduction de la machine à vapeur dans la ferme, alors qu'aujourd'hui la conduite de la locomobile est confiée sans crainte à un ouvrier de l'exploitation.

Accessoires des Dynamos.

L'installation d'une machine dynamo nécessite plusieurs appareils accessoires destinés à indiquer d'une façon constante le travail ou débit de la machine, à modifier son fonctionnement ou à prévenir les accidents.

La mesure du débit s'obtient à l'aide d'*ampèremètres* et de *voltmètres* qui indiquent par le déplacement d'une aiguille sur un arc gradué l'intensité et la force électro-motrice du courant (fig. 18).

Le réglage du débit de la machine, c'est-à-dire le réglage du champ magnétique des inducteurs suivant la tension à obtenir et la vitesse de l'induit, s'effectue à l'aide d'un appareil appelé *rhéostat* qui permet, par la manœuvre d'une manette, d'introduire dans le circuit des inducteurs une résistance variable à volonté. Cette résistance est le plus souvent constituée par un nombre plus ou moins grand de spires de maillechort montées en court-circuit par un commutateur. La fig. 19 représente un rhéostat à manette ; chaque spire est en communication d'une part avec la précédente et d'autre part avec

Fig. 18. — Voltmètre.

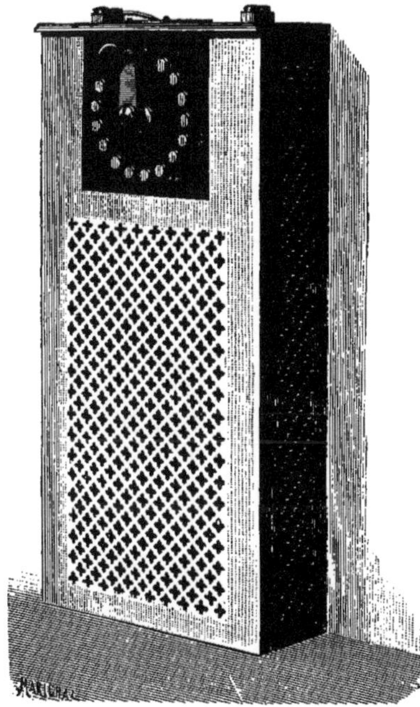

Fig. 19. — Rhéostat à manette (Société alsacienne de constructions mécaniques).

un des contacts fixes; le courant passe de la première spire à l'axe de la manette par un nombre différent de spires suivant la position de la manette sur le tableau. L'appareil est enfermé dans une enveloppe en tôle perforée permettant le refroidissement continu des spires qui s'échauffent sous l'action du courant qui les traverse.

Le rhéostat sert à régler l'intensité lumineuse des lampes et la vitesse des machines réceptrices.

Enfin si le courant électrique vient, par une cause quelconque, à excéder l'intensité normale (et cela a surtout lieu lorsqu'on met la machine en court-circuit), les conducteurs s'échauffent et souvent leur élévation de température peut occasionner des incendies. Il est donc indispensable d'avoir un appareil dit *coupe-circuit* lequel, comme son nom l'indique, est destiné à couper le courant dès que le conducteur s'échauffe au delà d'une certaine température.

Le coupe-circuit consiste en une lame ou un fil de plomb intercalé dans le circuit ; les dimensions de la pièce de plomb sont déterminées de telle sorte que cette dernière entre en fusion dès qu'elle est traversée par un courant un peu plus intense que le courant normal de la génératrice. On installe quelquefois des coupe-circuits sur les lignes aériennes; la fig. 20 représente un de ces appareils avec monture en fonte et isolateurs en porcelaine. Dans l'usine électrique, ces différents accessoires sont fixés sur un tableau, ainsi que le montre la figure schématique 22, dont voici la légende : en M est la dynamo (Shunt-dynamo) dont les balais sont représentés en *bb ;* sur le fil de départ *ff gg* se trouve un commutateur D, un coupe-circuit C, un ampère-mètre A. Le fil de retour est en *m n ;* à volonté, à l'aide d'un commutateur K, on peut établir une communication entre les conducteurs de départ et de retour par le voltmètre V. L'ampèremètre donne l'intensité du courant, et le voltmètre sa force électro-motrice. — Pour régler la production du courant suivant la consommation, on se sert, d'après les indications des ampères et voltmètres, d'un rhéostat R qui introduit des résistances plus ou moins grandes dans le circuit des inducteurs BB par la communication *rr* et par un ou plusieurs circuits.

La fig. 21 représente un commutateur à six directions ; le courant venant de la dynamo est en communication avec l'axe de la manette, que l'on peut mettre sur l'un des six contacts. Ce modèle permet d'envoyer le courant électrique dans un des six circuits; il est en outre complété par deux broches ou clefs d'interruption dont l'une est montée sur l'arrivée. La figure 23 représente un interrupteur de courant.

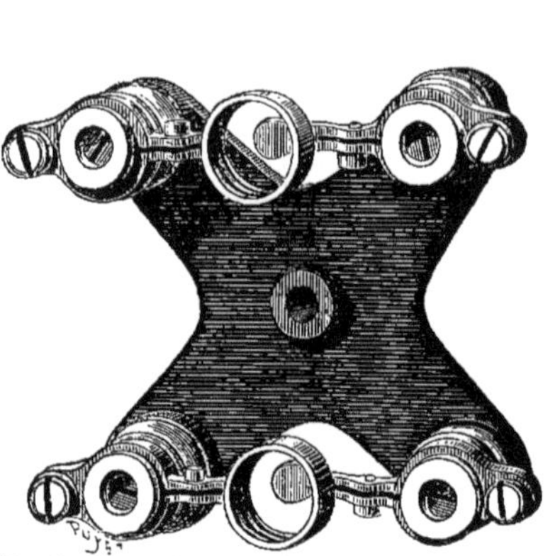

Fig. 20. — Coupe-circuit pour lignes aériennes (Compagnie continentale Édison).

Fig. 21. — Commutateur à six directions.

Le mécanicien vient consulter de temps en temps la marche de ces différents appareils.

Dans les grandes usines électriques, on emploie des appareils automatiques avertisseurs ou enregistreurs et un tableau de

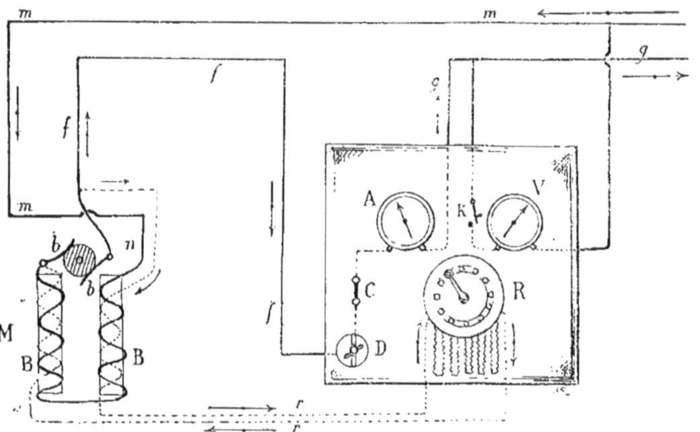

Fig. 22. — Installation des accessoires d'une dynamo.

distribution qui permet d'envoyer des courants d'intensité variable dans différents circuits.

Il convient de citer ici les appareils connus sous le nom de *parafoudres*. Sous l'influence de l'électricité atmosphérique, les fils électriques sont parcourus par des courants qui peuvent apporter une certaine perturbation dans le fonctionnement des appareils; la foudre en tombant sur un poteau peut se propager par le conducteur, atteindre dangereusement les ouvriers et occasionner des dégâts. Le parafoudre a pour effet de mettre les employés et la ligne à l'abri de ces accidents ; il se compose d'un coupe-circuit précédé d'un commutateur (1) qui permet, quand on le peut,

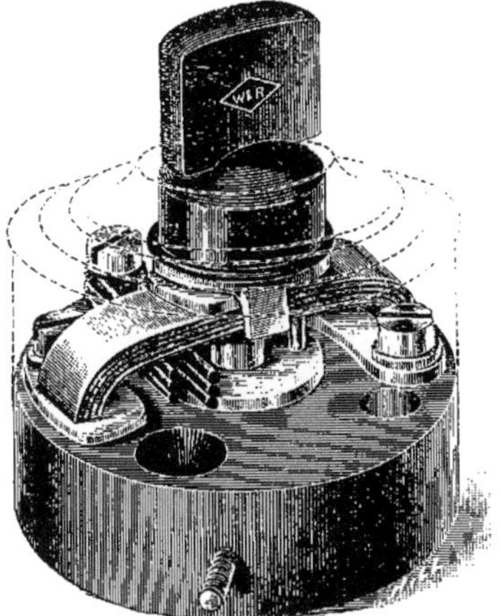

Fig. 23. — Interrupteur.

d'arrêter la communication pendant un violent orage ; sinon, et si la foudre parcourt les conducteurs, le courant devenant trop intense, fond le coupe-circuit et interrompt automatiquement la communication des appareils avant que ceux-ci soient détériorés.

Distribution de l'énergie électrique.

La distribution de l'énergie électrique est une question très complexe pour les usines centrales des villes par suite des applications nombreuses et variées que les abonnés font ou comptent faire de l'électricité.

Au point de vue agricole, le problème est plus simple ; les deux applications principales actuelles étant la puissance et la lumière, examinons quels sont, sous ce rapport, les procédés de distribution de l'énergie électrique.

La dépense de l'énergie électrique, variable avec chaque appareil (réceptrice

ou lampe) est égale au produit du volume par la pression, c'est-à-dire à E I, qui, nous l'avons vu page 11, représente un certain nombre de *watts*.

Si tous les appareils intercalés sur le circuit consommaient une quantité constante d'énergie E I, le problème de la distribution de l'électricité serait extrêmement simple : la génératrice n'aurait besoin que d'être réglée une fois pour toutes.

En pratique, il n'en est pas ainsi ; le travail demandé à la réceptrice peut varier, le nombre de lampes allumées peut se modifier, de telle sorte qu'il faut également changer la production de la génératrice.

Les deux modes pratiques de distribution sont : à *intensité constante* et à *pression constante*.

Distribution à intensité constante.

Ce système, proposé pour la première fois par G. Cabanellas en 1880, oblige à placer les récepteurs (lampes, etc.) à la suite les uns des autres sur le même circuit ; les appareils A, B, C... F (fig. 24) sont montés en *tension* et sont par conséquent solidaires, c'est-à-dire qu'un

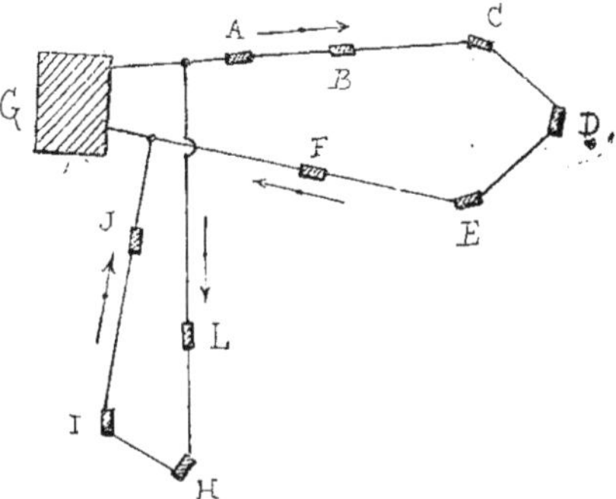

Fig. 24. — Schéma d'une distribution d'énergie en tension à intensité constante.

accident arrivant à l'un deux, B, par exemple, coupe le circuit et arrête le fonctionnement de tous les appareils intercalés sur le circuit A F. Aussi, en vue de diminuer les chances d'arrêt, on adopte un certain nombre de circuits A... F, L... J, etc., n'ayant chacun qu'un

---

(1) Pour les lignes télégraphiques, le parafoudre est complété par des plaques dentelées opposées dont l'une communique avec la terre.

petit nombre de récepteurs, de telle sorte qu'un accident produit dans le circuit L... J, entraîne l'arrêt des récepteurs L H, I et J de ce circuit sans occasionner celui des autres A B... F.

Suivant le nombre de circuits mis en activité, le surveillant modifie à l'aide d'un rhéostat, la force électro-motrice de la génératrice G.

Distribution à pression constante.

Dans ce système, plus pratique que le précédent, la génératrice G (fig. 25) débite un courant d'une différence de potentiel constante en faisant varier à l'aide du rhéostat, l'intensité du courant de la

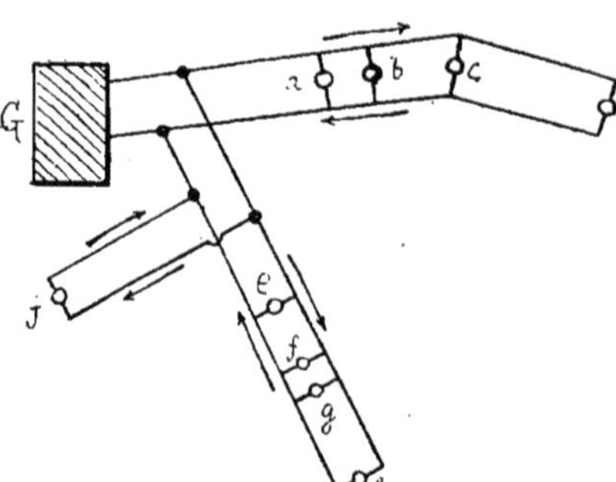

Fig. 25. — Schéma d'une distribution d'énergie, en dérivation, à pression constante.

génératrice suivant le nombre de récepteurs $a\ b\ c...\ j$, intercalés dans le circuit.

Ce système permet de monter les récepteurs en *dérivation*, chacun d'eux, $a\,b\,c...\,j$ étant relié aux deux fils de départ et de retour au moyen d'un commutateur spécial, de telle sorte qu'un accident qui pourrait arriver à l'un des récepteurs n'entraîne aucune perturbation dans le fonctionnement des autres.

La distribution à pression constante exige des conducteurs relativement gros surtout au départ de la génératrice.

Dans ce système, la pression E (ou la force électro-motrice) étant constante, l'intensité du courant I sera en raison inverse de la résistance R des récepteurs, d'après la loi de Ohm :

$$I = \frac{E}{R} = \frac{1}{R}\,E$$

Si la force électro-motrice E est de 150 volts, lorsqu'on intercalera dans le circuit une lampe à incandescence d'une résistance R = 100 ohms, l'intensité du courant sera de

$$I = \frac{1}{100} \times 150 = 1,5\ \text{ampères}$$

Lorsqu'il y a, montés en dérivation, deux récepteurs de résistance respective r et r', leur résistance totale R est égale à leur produit divisé par leur somme :

$$R = \frac{r\,r'}{r+r'} = \frac{1}{\dfrac{1}{r} + \dfrac{1}{r'}}$$

Si le nombre de récepteurs est quelconque et si leurs résistances respectives sont r, r', r'', r'''... la résistance R' totale est donnée par :

$$R' = \frac{1}{\dfrac{1}{r} + \dfrac{1}{r'} + \dfrac{1}{r''} + \dfrac{1}{r'''}}$$

En résumé, c'est ce système (Edison ; Maxim ; Gravier, 1880 ; Hospitalier, 1880 ; Marcel Deprez ; etc.) qu'il convient d'adopter dans nos installations agricoles pour la distribution de l'énergie soit aux réceptrices (1), soit aux lampes à incandescence.

Il est à noter que dans beaucoup de cas, l'installation comprend plus de deux fils principaux, ainsi que l'indiquent les figures 24 et 25.

Dans la figure 24 représentant schématiquement l'accouplement des récepteurs en *tension*, il y a deux circuits : A B... E F et L H... J ; sur chaque circuit, les récepteurs sont montés en tension, mais les deux circuits sont en *dérivation*.

Il en est de même pour la figure 25 : les récepteurs $a\,b...\,h\,j$ sont tous en dérivation ainsi que les trois circuits $a...d$, $e...\,h$ et j.

Il y a donc lieu d'appliquer, pour ces circuits en dérivation, ce qui a été indiqué précédemment au sujet de leur résistance totale.

---

(1) Pour les réceptrices, il y a lieu, dans la détermination de la pression E de la génératrice, de tenir compte de la force contre-électromotrice de la ou des réceptrices intercalées dans le circuit.

Régulateurs.

Les *régulateurs* ont pour but de maintenir aussi constante que possible la production de l'énergie électrique des dynamos, énergie qui varie avec la vitesse de l'induit.

Les moteurs irréguliers, les joints des courroies, etc., sont autant de causes de variations apportées dans le débit d'une dynamo ; dans ce cas, on recommande de se servir d'un *accumulateur* comme régulateur. (Nous verrons au chapitre VI comment s'en effectue le montage.)

Lorsque le moteur actionne la dynamo en même temps qu'un certain nombre d'autres machines, il peut se produire des accélérations dans la vitesse. Il est donc bon d'avoir un appareil régulateur qui maintient aussi constant que possible le débit de la dynamo.

Un régulateur très simple (Piaux) agit par l'introduction ou la suppression d'un certain nombre de spires d'un rhéostat dans le circuit des inducteurs de la dynamo ; cette opération est effectuée par les variations de vitesse d'un petit moteur électrique mis en mouvement par la dynamo et placé à une distance quelconque de cette dernière.

Le régulateur Piaux ne doit agir qu'au delà de la plus faible vitesse de régime ; son rôle consiste alors à parer aux accélérations et aux ralentissements de la vitesse du moteur au-dessus de ce minimum.

Nous n'insisterons pas sur les dispositions proposées ou employées par les usines centrales d'électricité comme étant trop compliquées et par suite trop coûteuses.

CHAPITRE III

LA LIGNE ÉLECTRIQUE

Conducteurs.

La *ligne* est destinée à transporter le fluide électrique, provenant de la machine génératrice, aux endroits où l'on doit utiliser le courant. Dans les installations d'éclairage, la ligne est relativement courte, elle va d'un bâtiment de la ferme aux autres; mais lorsqu'il s'agit de transporter à distance une puissance mécanique, la ligne est plus longue et elle demande des conditions spéciales d'établissement.

La ligne est constituée par un fil bon conducteur de l'électricité.

Le cuivre est le métal le plus employé, il est environ sept fois plus conducteur que le fer, aussi entre-t-il exclusivement dans la construction des machines génératrices.

Les fils de cuivre ne dépassent pas 4 à 5 millimètres de diamètre; si l'on a besoin d'une plus grande section, on emploie des torsades de fils plus fins.

Les fils de cuivre sont généralement recouverts d'un corps isolant, mauvais conducteur de la chaleur, puis *armés*, c'est-à-dire protégés par une armature extérieure.

On peut adopter le conducteur composé de la façon suivante : un toron de sept fils de cuivre, recouvert de deux couches de gutta-percha avec interposition, entre ces deux couches, d'un mastic appelé composition Chatterton (1). L'âme ainsi constituée est recouverte d'un guipage en chanvre goudronné préalablement trempé dans une dissolution de sulfate de cuivre.

Voici quelques renseignements sur les conducteurs spéciaux pour lumière électrique et transmission de la puissance.

Câbles conducteurs en cuivre (the India Rubber, Gutta-Percha and Telegraph Works C°).

Section en millimètres carrés.	Nombre de fils.	Diamètre de chaque fil en millimètres.	Résistance électr. approximative par kilomètre à 15° C.
3.57	7	0.8	5 ohms 13
4.52	7	0.9	4 — 05
5.58	7	1.0	3 — 28
6.75	7	1.1	2 — 71
8.03	7	1.2	2 — 28
9.50	12	1.0	1 — 91
10.9	7	1.4	1 — 67
12.5	7	1.5	1 — 46
14.3	7	1.6	1 — 28
16	14	1.2	1 — 14
19	12	1.4	0 — 97
22	19	1.2	0 — 84
25	12	1.6	0 — 74
30	19	1.4	0 — 61
35	19	1.5	0 — 51
39	19	1.6	0 — 47
43	27	1.4	0 — 43
50	19	1.8	0 — 37

(1) La composition Chatterton a la formule suivante, en poids :

Goudron de Stockholm	2
Résine	2
Gutta-percha	6
Total	10

La résistance électrique est en raison inverse de la section du conducteur.

Ces câbles, formés de plusieurs fils, sont isolés par une couche de caoutchouc vulcanisé et un ou deux guipages et tresses de coton ; ils se fixent directement sur les poteaux de la ligne à l'aide de crochets émaillés.

Ces conducteurs peuvent se poser à l'abri, dans les bâtiments ; on les fixe contre les murs et les boiseries à l'aide de clous à crochets espacés d'environ 1 mètre. Lorsqu'ils doivent passer sous terre, dans des égouts, des canaux, ou en pleine terre, dans des tuyaux en fonte ou en poterie, on les recouvre d'une armature en plomb, qui n'est autre qu'un tuyau de 1 millimètre 1/4 d'épaisseur.

Voici quelques indications au sujet de ces lignes composées de sept conducteurs de cuivre.

Diamètre du brin de cuivre....		0m/m5	0m/m7
— du conducteur recouvert de gutta-percha..........		4m/m5	5m/m1
Diamètre du conducteur	sous guipure de chanvre goudronné.....................	18m/m	20m/m
	sous armature de plomb........	20m/m50	22m/m50
Prix du mètre courant de conducteur..........	sous guipure de chanvre goudronné.....................	1 fr. 65	1 fr. 80
	sous armature de plomb........	2 fr. »	2 fr. 45

Le plomb sert en même temps de fil de retour.

Lorsqu'un courant traverse un conducteur, il échauffe ce dernier d'une quantité qui dépend de la résistance qu'il présente à l'écoulement du fluide électrique.

Cette action calorifique, qui est nuisible aux conducteurs, est utilisée dans les fils de sûreté qui doivent fondre et couper automatiquement le circuit dès que l'intensité du courant dépasse accidentellement la limite fixée (voyez coupe-circuit, page 21).

Les fils de cuivre recouverts d'un isolant peuvent transmettre un courant de 5 à 6 ampères par millimètre carré de section, lorsque le diamètre du fil ne dépasse pas 2 millimètres ; et 3 ampères par millimètre carré pour le fil de 5 millimètres de diamètre.

Pour les conducteurs sous plomb, qui se refroidissent plus difficilement, on ne dépasse pas 2 ampères par millimètre carré.

Ainsi, pour une dynamo de 10 chevaux-vapeur, produisant un courant de 110 volts sous 60 ampères, les conducteurs devraient avoir (à raison de 3 ampères par millimètre carré), une section de 20 millimètres carrés ; c'est-à-dire seraient formés soit de :

1 fil de 5 millimètres de diamètre,

ou 1 câble formé de 12 fils de 1mm4 de diamètre.

Lorsqu'on doit mettre la ligne en tranchée, on protège le conducteur par des tuyaux en fonte ou des tuyaux en plomb. Dans les installations agricoles on pourrait avoir recours à des conduits en poterie à emboîtements, avec joints garnis au ciment, analogues à ceux communément en usage dans les travaux de drainage (fig. 26).

Pendant la pose, on passe une longue ficelle dans chaque tuyau avant de les placer au fond de la tranchée ; cette

Fig. 26. — Tuyau en poterie pour ligne souterraine.

ficelle sert à tirer le conducteur dans la conduite ; la tranchée n'est comblée qu'après l'essai du câble.

A la place de ces conducteurs en cuivre, on fait souvent usage de fils de bronze de diverses compositions (bronze phosphoreux, bronze siliceux, bronze chromé).

Je n'insisterai pas plus longuement sur les conducteurs en cuivre isolés qui, à cause de leur prix relativement élevé, ne conviennent qu'aux faibles distances.

Pour les lignes aériennes de petite longueur, on peut employer du fil de fer recuit qui présente une résistance à la rupture de 40 kilogr. par millimètre carré. Le fer est sept fois moins bon conducteur que le cuivre. En France, on emploie du fil de fer galvanisé ; en Amérique, on utilise le *compound-wire*, qui est formé d'une âme en acier recouverte de cuivre. Lorsque le conducteur passe dans le voisinage des usines produisant des émanations dangereuses, le fil de fer galvanisé est enduit d'un mélange de goudron et de bitume et recouvert ensuite d'une armature en chanvre goudronné.

L'administration française des télégraphes, après de nombreux essais, a reconnu que les fils à employer pour les lignes aériennes devaient répondre à certaines conditions qu'elle spécifie dans ses cahiers des charges; en voici le résumé :

Fil de fer recuit, fondu et affiné au bois et à l'air froid.

Le fil de 5 millimètres de diamètre doit pouvoir soulever ou supporter un poids de............ 650 kilogr.
Le fil de 4 millimètres............ 440 —
Le fil de 3 millimètres............ 250 —

Sous ces charges, l'allongement permanent ne doit pas dépasser 6 0/0 de la longueur du fil.

Le fil doit pouvoir, sans se rompre ni dépasser la limite d'allongement, être enroulé sur un cylindre et soumis à une tension de

500 kilogr. pour le fil de 5 millimètres.
350 — — — 4 —
200 — — — 2 —

Il doit pouvoir être plié, dans un étau à angle droit sans se rompre, alternativement dans un sens ou dans l'autre :

3 fois pour le fil de 5 millimètres.
4 — — de 4 —
5 — — de 3 —

Pour essayer la galvanisation, le fil doit supporter sans que le fer soit mis à nu, même partiellement, quatre immersions successives, d'une minute chacune, dans une dissolution de sulfate de cuivre faite dans cinq fois son poids d'eau.

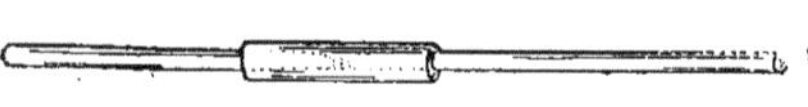

Fig. 27. — Joint à manchon.

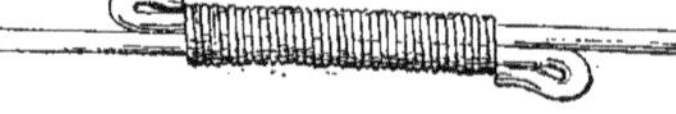

Fig. 28. — Ligature dite Britania-joint.

Fig. 29. — Ligature dite torsade française.

Fig. 30. — Ligature espagnole.

Le fil doit pouvoir s'enrouler sur un cylindre d'un centimètre de diamètre, sans que la couche de zinc se fendille ou se détache.

Le fil ne doit pas être taché de rouille.

Les essais portent sur 5 couronnes par 100 ; toute la fourniture est rejetée si le dixième essayé ne répond pas aux conditions.

La livraison du fil a lieu par pièces :

Fil de 5ᵐ/ᵐ, pièce de 25ᵏ, soit 160 mètres.
— 4ᵐ/ᵐ, — 25ᵏ, — 250 —
— 3ᵐ/ᵐ, — 15ᵏ, — 270 —

Les limites de variation de poids admises pour les fils galvanisés et par mètre courant sont de :

0ᵏ150 à 0ᵏ160 pour le fil de.... 5ᵐ/ᵐ
0,096 à 0,104 — — 4ᵐ/ᵐ
0,053 à 0,058 — — 3ᵐ/ᵐ

Les couronnes de fil ont 0ᵐ,60 de diamètre intérieur. Le poids du zinc dans le fil bien galvanisé est de 0ᵏ,170 par mètre carré, soit 2 kilogr. par kilomètre de fil de 4 millimètres.

Les bouts des conducteurs (fer ou cuivre) sont réunis par des manchons cylindriques en fer galvanisé ; chaque fil est introduit dans le manchon puis soudé ensuite avec lui (fig. 27).

A la place des manchons, on fait souvent des ligatures.

La ligature anglaise, dite *Britania-Joint* (fig. 28) s'opère en courbant en crochet l'extrémité de chaque fil et en les réunissant par un autre fil fin enroulé perpendiculairement ; avec cette disposition, le contact des deux fils est aussi long que l'on veut et la communication est assurée.

La *torsade française* (fig. 29) se fait en enroulant les deux fils en hélice. On emploie aussi la *ligature espagnole* indiquée par la figure 30.

Pour confectionner ces ligatures, les électriciens se servent de pinces à mâchoires analogues aux pinces plates.

Les lignes aériennes.

Les lignes aériennes sont soutenues à une certaine hauteur, au-dessus du sol, à l'aide de poteaux ou supports en bois ou en métal (1).

Les poteaux en bois peuvent être identiques à ceux qu'emploie l'administration des Postes et des Télégraphes pour la confection de ses lignes. Il semble, au premier abord, qu'il serait utile, dans les installations agricoles, de réduire la hauteur des poteaux, ce qui diminuerait les frais de premier établissement ; je ne crois pas que cela soit à conseiller pour plusieurs raisons, dont voici les principales : il convient de laisser libre, sous la ligne, le passage des véhicules avec leur chargement (fourrages ou gerbes), et cette hauteur, qui doit être au moins de 4ᵐ,50 à 5 mètres, doit régner d'une façon uniforme sur toute la ligne, car on ne peut prévoir que les voitures passent plutôt en tel point qu'en tel autre, surtout si le conducteur électrique traverse les champs. Aux traversées des routes et des villages, la hauteur des fils est déterminée par des règlements spéciaux ; elle est au minimum de :

3ᵐ le long d'une route ;
4ᵐ,50 aux traversées de route ;
5 à 6ᵐ   —   de villages ;
18ᵐ   —   de rivières et de canaux.

Enfin, nous savons quels sont les effets physiologiques que peuvent produire les courants électriques (page 15) ; il est donc de toute nécessité de mettre la ligne électrique en dehors de tout contact possible soit avec les hommes, soit avec les animaux.

Il résulte de ce qui précède que lorsqu'il s'agit d'installer une ligne électrique aérienne, il convient de se rapprocher des types que l'administration des postes et des télégraphes emploie d'une façon courante, types qui résultent de nombreux essais et dont on connaît toute la valeur pratique. Les quelques données qui vont suivre sont relatives aux installations de l'administration.

Poteaux en bois. — Ce sont des poteaux cylindro-coniques en sapin ou en pin non gemmé (à l'exclusion des pins Laricio et de Lord Weymouth). Les poteaux doivent être aussi droits que possible et sains ; le cœur ne doit pas dépasser les deux tiers du diamètre total du poteau.

Les poteaux sont injectés au sulfate de cuivre (1) ou avec d'autres antiseptiques ; deux semaines environ après l'injection, les bois sont écorcés ou pelés, unis à la plane et leur sommet est appointé en cône.

On trouvera plus loin quelques indications relatives aux dimensions des poteaux.

Lorsqu'ils sont fraîchement injectés, les poteaux ont les poids suivants :

Longueur, 6ᵐ,50........ 80 kilogr.
    —   8ᵐ.......... 120 —
    —   10ᵐ.......... 180 —

Ces poids se réduisent de moitié quand le poteau est vieux et sec.

On admet que la proportion des poteaux (bien injectés) qui peuvent être mis accidentellement hors de service est de :

			Pour 1000.
Pendant la 1ʳᵉ année après l'injection.			0
—	2ᵉ	—	1
—	3ᵉ	—	4
—	4ᵉ	—	9
—	5ᵉ	—	16

Les fils qui vont d'un poteau à l'autre exercent sur le sommet de ces derniers des tractions d'autant plus grandes que les poteaux sont plus écartés ; le tableau suivant donne, pour différentes dimensions de poteaux, la profondeur de la plantation et les tractions limites auxquelles ils peuvent résister tout en conservant leur élasticité (en prenant une flèche de 15 à 20 millimètres au plus).

La charge de rupture du fer recuit est de 40 kilogr. par millimètre carré de section et 60 kilogr. pour le fil non recuit ; la tension normale ne doit être au plus que le cinquième de cette charge, et la tension limite que le quart. Ainsi, la tension normale est, pour le fil recuit de :

4ᵐ/ᵐ diamètre de 100ᵏ et la tension limite 123ᵏ
3ᵐ/ᵐ   —   54ᵏ   —   — 70ᵏ

---

(1) Les poteaux en fer ne conviennent que pour les grandes lignes à plusieurs fils et dans les traversées des villes, ils sont trop coûteux pour être utilisés dans les installations agricoles.

(1) 1 kilogr. de sulfate de cuivre pour 100 litres d'eau.

La tension est :

Proportionnelle au poids par mètre courant de fil ;

Proportionnelle au **carré de la portée** (distance des poteaux) ;

Inversement proportionnelle à huit fois la flèche que prennent les fils (1). La courbe des fils est une *chaînette*, que dans les calculs on considère approximativement comme une parabole.

Hauteur du poteau.	DIAMÈTRES		Profondeur à la plantation.	TRACTION APPLIQUÉE		
	A 1 mètre de la base.	Au sommet.		Au sommet.	A 1 mètre du sommet.	A 2 mètres du sommet.
mètres	mètres	mètres	mètres	kil.	kil.	kil.
6	0.12	0.08	1.50	22	28	35
7	0.16	0.10	1.50	41	50	64
8	0.18	0.12	1.50	50	60	73
9	0.20	0.13	2.00	64	75	90
10	0.22	0.14	2.00	75	85	100
11	0.24	0.16	2.00	86	97	110
12	0.26	0.17	2.00	98	110	123

Étant donnée la tension limite des fils, on peut déterminer l'écartement maximum des poteaux qui est de 1,700 mètres environ ; ce chiffre est de beaucoup supérieur à celui que l'on adopte dans la pratique.

Avec une tension de 80 kilogr. et une portée de 80 mètres, le fil de 4 millimètres donne une flèche de 1 mètre environ.

Les flèches variant comme le carré de la portée, les tensions sont convenables quand la flèche est de :

$$4^m \text{ pour une portée de } 160^m$$
$$9^m \quad — \quad — \quad \text{ de } 240^m$$
$$16^m \quad — \quad — \quad \text{ de } 320^m, \text{ etc.}$$

Si les flèches sont plus petites que celles indiquées ci-dessus, la tension des fils s'approche de la tension limite.

Lorsque la pose des fils a lieu pendant l'été, il faut éviter de trop les tendre afin de ne pas atteindre la limite de rupture par suite de la contraction durant les grands froids de l'hiver.

Suivant les températures, on adopte les tensions suivantes :

De 0 à 10° fil de 4 recuit 90^k ; fil de 3 recuit 60^k
 10 à 20° — — 80^k ; — — 50^k
 20 à 30° — ^{k} ; — — 40^k

La flèche augmente avec l'élévation de la température, pendant que la tension diminue sans qu'il y ait une compensation parfaite entre les deux effets, ainsi que le montre le tableau suivant (2).

TEMPÉRATURE	RAYONS DES COURBES ET DISTANCES DES POTEAUX			
	R =	500^m	100^m	Alignement
	D =	33^m	66^m	90^m
— 15°	Flèches............	0^{m}10	0^{m}12	0^{m}78
	Tensions............	126^k	126^k	129^k
+ 15°	Flèches............	0^{m}19	0^{m}65	1^{m}10
	Tensions............	68^k	81^k	89^k
+ 35°	Flèches............	0^{m}35	0^{m}89	1^{m}38
	Tensions............	38^k	59^k	71^k

(1) Cette tension a pour expression $T = \dfrac{l^2\, p}{8\, f}$ dans laquelle l est la portée, p le poids par mètre de fil, f la flèche du fil.

(2) D'après Bontemps, *Systèmes télégraphiques*.

Les poteaux sont écartés de 80 à 90 mètres dans les alignements droits ; lorsque la ligne suit une courbe, il est nécessaire de rapprocher les poteaux. On peut adopter l'échelle suivante :

	Espacement.
Rayons de plus de 2000 mètres.	80 à 60 mètres.
— 2000 à 1500 —	60 à 55 —
— 1500 à 1000 —	55 à 45 —
— 1000 à 800 —	45 à 40 —
— 800 à 600 —	40 à 35 —
— 600 à 400 —	35 à 30 —
— 400 à 250 —	30 à 25 —
— 250 à 100 —	25 à 20 —
— de moins de 100 —	20 à 10 —

Dans les pays où il y a beaucoup de vent (littoral, etc.) et du givre (qui peut atteindre une épaisseur de 1 à 2 centimètres) on adopte des portées plus petites et l'on tend moins les fils.

Dans les courbes, les poteaux tendent,

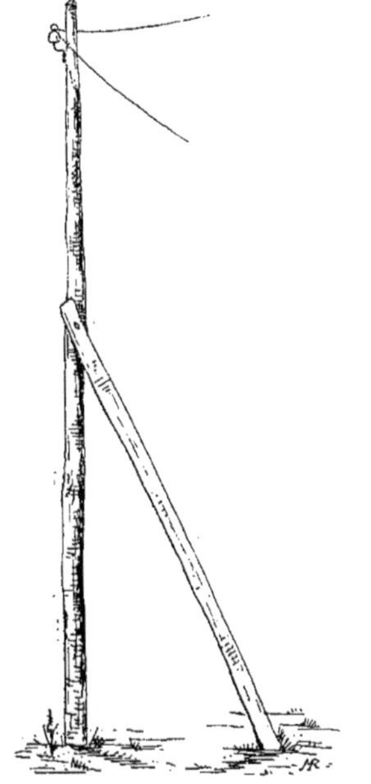

Fig. 31. — Poteau consolidé par une contre-fiche.

sous l'action de la tension des fils, à se rejeter en dedans de la courbe. On les consolide à l'aide de contre-fiches (fig. 31), qui sont d'autant plus efficaces que leur point d'appui est plus proche du sommet du poteau. Lorsque la courbure est très prononcée ou que la ligne fait un angle droit (en plan horizontal), on fait usage de poteaux couplés, un des poteaux, a, est vertical (fig. 32); l'autre, b, est écarté du précédent de $0^m,30$ à $0^m,50$; un boulon, c, ou un collier, les réunit à la

partie supérieure; quelquefois les têtes sont maintenues par une cale à une petite distance l'une de l'autre. La résistance de ces poteaux couplés est la même que si tout l'espace compris entre eux était plein ; de semblables poteaux de 10 à

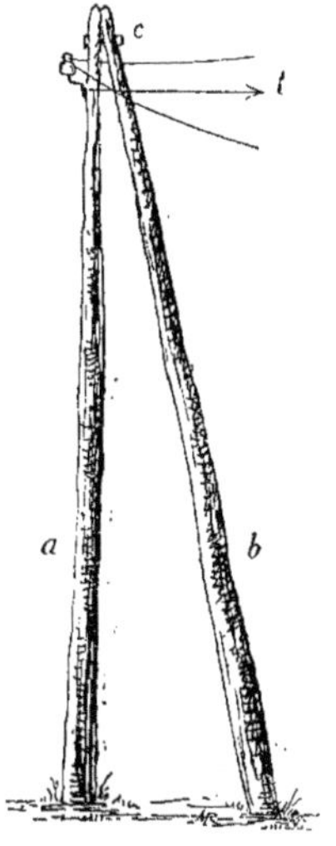

Fig. 32. — Poteaux couplés (élévation).

12 mètres de haut peuvent supporter une traction horizontale t (appliquée à un mètre du sommet) de plus de 1,000 kilogr.

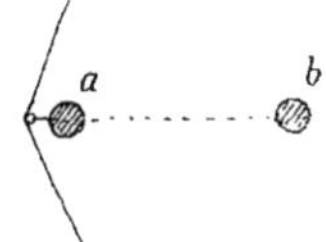

Fig. 33. — Poteaux couplés (plan).

Voici quelques indications concernant les déviations (dans le plan horizontal) que peut prendre la ligne avec des poteaux simples ou des poteaux couplés :

	POTEAUX	
	Simples.	Couplés.
Ligne à 1 fil.....	11°22'	59°28'
— à 2 fils....	5°40'	34°40'
— à 3 fils....	3°48'	17°40'

A chaque extrémité de la ligne, les poteaux tendent à se déjeter; on les maintient à l'aide de contre-fiches, poteaux couplés A (fig. 34) ou de haubans B.

Le hauban est formé de plusieurs fils de fer tordus, attachés d'une part près du sommet et d'autre part à une grosse pierre enfouie dans le sol, à une certaine distance du pied du poteau.

Fig. 34. — Extrémités d'une ligne électrique.

Au point de vue de l'entretien, il est préférable de faire usage de poteaux couplés et d'abandonner les haubans que l'on peut couper par malveillance ou qui se détériorent dans le sol.

La ligne peut présenter des ondula-

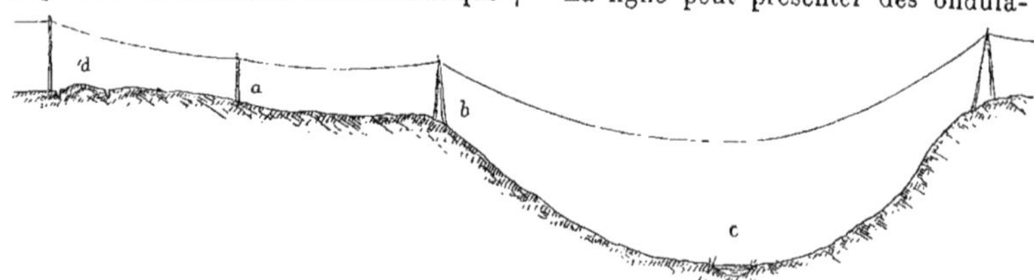

Fig. 35. — Profil en long d'une ligne électrique.

tions dans le plan vertical, ondulations dues aux accidents de terrain. Il convient d'adopter les règles pratiques suivantes : placer les poteaux sur les points culminants

ne tire pas le fil en bas au lieu de le supporter.

Les fils se placent à partir de $0^m,15$ à $0^m,20$ du sommet et on les espace généralement de $0^m,30$ dans le plan vertical (fig. 36).

En ligne droite, un des fils f est d'un côté du poteau (fig. 37), l'autre f' de l'autre côté; en courbe, tous les fils sont à l'extérieur e de la courbe, afin qu'en cas de bris, le fil appuie contre le poteau.

Pour poser les poteaux, on emploie une tarière de $0^m,18$ de diamètre (pour les poteaux de 6 mètres). On peut très bien utiliser la pelle double très employée en Amérique pour creuser les trous destinés à poser les poteaux de clôtures. Cette pelle se compose de deux lames demi-cylindriques fixées à l'extrémité d'un long manche; un petit levier articulé à la partie supérieure du manche, par une tringle intérieure, fait écarter ou fermer les lames. Avec cet instrument, le trou percé en terre est cylindrique.

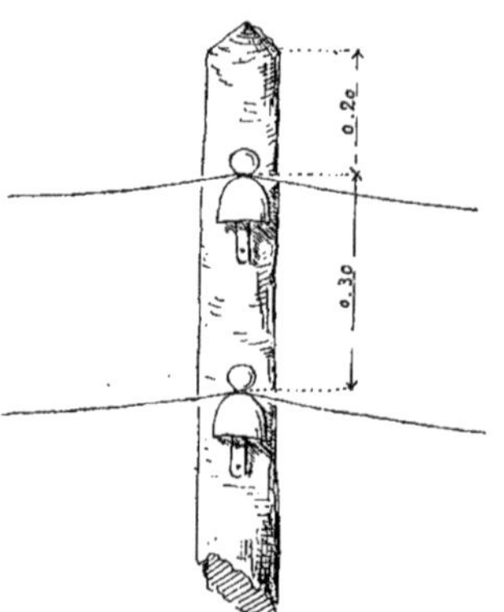

Fig. 36. — Position des fils sur les poteaux.

$a\ b$ (fig. 35), agrandir les portées dans la traversée des vallées c qui permettent de donner la flèche nécessaire sans augmenter la tension; enfin, quand les poteaux sont à des hauteurs différentes (traversée de route d, par exemple), veiller à ce que le poteau intermédiaire a

Pour la pose du fil, on procède de la façon suivante : la couronne de fil est déroulée à terre aux pieds des poteaux, la tension est ensuite donnée à l'aide d'un palan ou moufle, puis le fil est élevé au sommet des poteaux et placé dans ses supports ou *isolateurs*.

Pour monter au sommet des poteaux, les ouvriers se servent de griffes ou crampons (analogues à ceux employés dans le service des forêts) qui se fixent aux jambes par des courroies.

On admet, dans l'Administration des

Fig. 37. — Plan d'une ligne électrique.

Postes et Télégraphes, qu'un atelier de 12 hommes peut planter 60 à 80 poteaux par jour en terrain ordinaire. — La pose des fils est faite par un atelier de 4 à 5 hommes qui suit le précédent.

Isolement d'une ligne.

Nous avons vu pour les lignes souterraines que les câbles ou fils sont déjà isolés par un enduit quelconque (page 27),

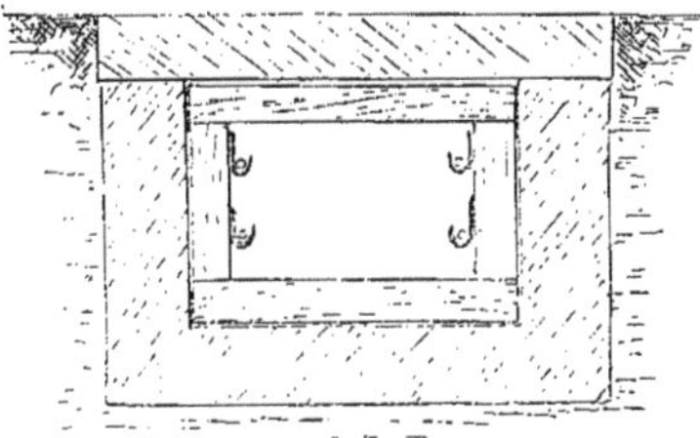

Fig. 38. — Caniveau pour ligne souterraine et cadres d'isolement.

gutta-percha, caoutchouc, chanvre, etc.

Dans la canalisation souterraine de l'usine municipale d'électricité des Halles centrales, inaugurée le 1er décembre 1889, les câbles isolés (India Rubber C°) sont placés dans un caniveau en béton moulé de $0^m,26 \times 0^m,30$ de section intérieure (fig. 38); tous les $1^m,50$ sont disposés des cadres en bois munis de crochets en fonte émaillée qui supportent les conducteurs. Dans certaines parties du réseau, les câbles sont logés dans des moulures en bois (pin) injecté au sulfate de cuivre, goudronnées extérieurement; ces moulures sont placées sur des plaques en porcelaine reposant sur le fond du caniveau en ciment.

Dans les installations agricoles, on peut employer des tuyaux en terre cuite ou les tuyaux dits *flamands*, en bois de pin, injectés à la créosote. Ces tuyaux se fabriquent à une ou deux rainures dans chacune desquelles se loge un conducteur; les tuyaux s'assemblent bout à bout par une coupe en sifflet et sont recouverts par une planche à plat.

Pour les lignes aériennes, on emploie des isolateurs en porcelaine reliés aux poteaux par des consoles et des vis en fer galvanisé. La forme de ces consoles varie suivant les isolateurs. En principe, c'est la porcelaine qui isole le fil de ligne de la console et du poteau, et comme l'eau est bonne conductrice, il ne faut pas qu'elle vienne, en cas de pluie, établir une communication du fil avec la terre par le poteau.

Dans le modèle à crochet, l'isolateur A (fig. 39) est fixé au poteau par deux oreilles B et porte, scellé, un crochet en

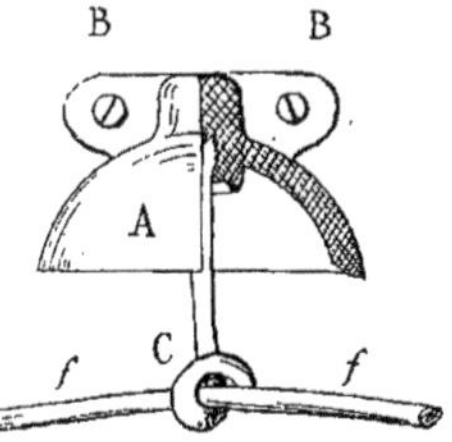

Fig. 39. — Élévation-coupe d'un isolateur à crochet.

fer C dont l'extrémité recourbée supporte le fil f.

Dans le modèle à cloche (fig. 40), le fil conducteur f est placé dans une sorte de gorge pratiquée au sommet de la cloche A; le fil est ligaturé par un petit

3

fil plus fin qui entoure la gorge. Une tige de fer B scellée dans la cloche, sert à la

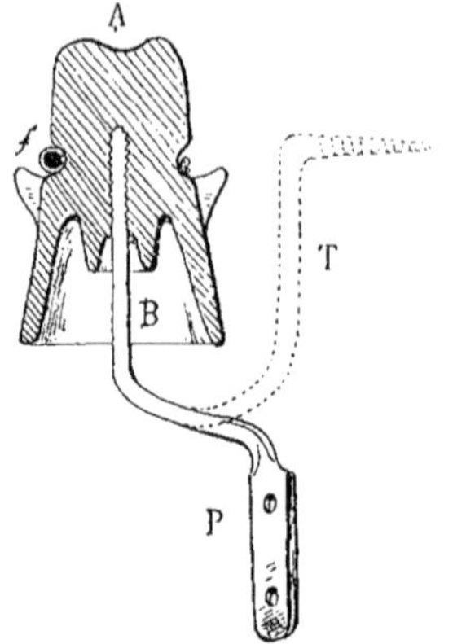

Fig. 40. — Coupe d'un isolateur à cloche.

fixer sur le poteau, soit par une patte P et deux tire-fonds, soit par un filetage T.

On remarquera sur les figures précédentes que l'isolateur peut se recouvrir d'une couche d'eau sans qu'il puisse s'établir un contact entre le fil f et le poteau.

Pour les entrées des fils dans les bâtiments, on scelle dans le mur un isolateur appelé *pipe* (que représente en coupe la fig. 41), dans lequel on fait passer le con-

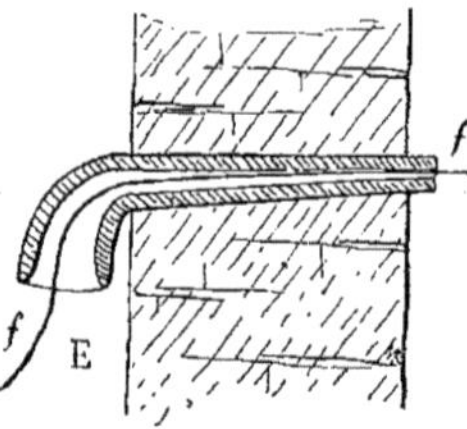

Fig. 41. — Coupe verticale d'une pipe.

ducteur f; l'extérieur du bâtiment est en E.

Dans l'intérieur des bâtiments, les fils sont maintenus contre les murs par des crochets en fonte vitrifiés; lorsqu'on emploie des conducteurs nus, il faut éviter leur contact avec des charpentes, ces conducteurs pouvant accidentellement être portés à une certaine température. On se sert d'isolateurs de porcelaine en forme de *poulies* A (fig. 42) maintenus par des vis B; le conducteur f passe dans la gorge de la poulie et une ligature avec

un fil plus fin le maintient en place.

Du reste, les isolateurs pour les câbles intérieurs des bâtiments sont d'un intérêt

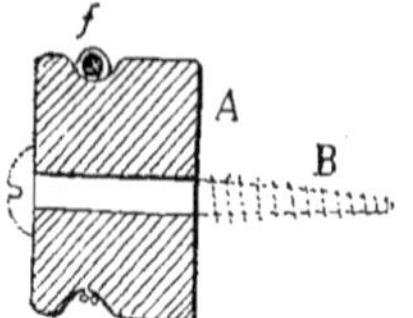

Fig. 42. — Coupe d'une poulie isolatrice.

secondaire étant donné que la prudence commande de n'employer à l'intérieur des édifices que des conducteurs parfaitement isolés.

Frais d'établissement d'une ligne électrique.

C'est à titre d'exemple que nous donnerons les quelques chiffres suivants :

Données :

Ligne électrique aérienne.
Longueur................ 1 kilomètre.
2 fils (aller et retour.
Nombre de poteaux...... 12

1° POTEAUX ET POSE :

12 poteaux injectés de 5m à 6m,50, à 6 fr.   72 fr.
Pose des poteaux..............   3 journées.
— des fils..................   2 —
                          Total.... 5 journées.

2° FILS CONDUCTEURS :
a. *Fils de fer.*

2,000 mètres de fil de fer galvanisé de
  4 millim.; 200 kilogr. à 0 fr. 42......   84 »
24 isolateurs à 1 fr. 50...............   36 »
8 manchons de joint à 0 fr. 20.........   1 60
                          Total.......... 121 60

b. *Fils de bronze :*

2,000 mètres de fil de bronze siliceux
  de 2 millimètres; 56 kilogr. à 3 fr... 168 »
24 isolateurs à 1 fr. 50...............   36 »
8 manchons de joint à 0 fr. 20.........   1 60
                          Total........ . 205 60

Outillage de pose des fils et entretien de la ligne.

1 sac en toile avec courroie ;	1 tiers-point ;
	1 fourneau ;
1 paire de moufles avec 18 mètres de corde ;	1 cuiller en fer ;
	1 soufflet ;
2 mâchoires à tendre avec 6 mètres de cordes ;	1 gros fer à souder ;
	1 mâchoire à tordre ;
	1 pince à torsade ;
1 tournevis double ;	1 pince plate ;
1 marteau ;	1 ciseau à bois ;
6 vrilles ;	1 ciseau à froid ;
1 boîte à suif ;	1 clef anglaise.

Soit, de 75 à 80 fr.

CHAPITRE IV

L'ÉCLAIRAGE ÉLECTRIQUE

Unités photométriques.

Avant d'étudier les procédés de l'éclairage électrique, il convient de placer ici quelques notions préliminaires sur les unités de mesure (unités photométriques) qui sont nécessaires pour connaître la valeur d'un foyer lumineux, c'est-à-dire son pouvoir éclairant.

En France, l'unité est le bec Carcel ou le *carcel*, qui est la lumière fournie par une lampe brûlant par heure 42 grammes d'huile de colza épurée, avec une flamme de 40 millimètres de longueur (1).

En Angleterre, l'unité est la *candle* (ou Parliamentary Standard), lumière fournie par une bougie de blanc de baleine (spermaceti) de $\frac{7}{8}$ de pouce (2) de diamètre, consommant un poids de 120 grains (3) par heure (les variations de cet étalon peuvent atteindre 30 0/0).

1 carcel = 9.5 candles.

En Allemagne, l'unité étalon est une *bougie* de paraffine de 0^m,020 de diamètre, brûlant avec une flamme de 5 centimètre de longueur.

1 carcel = 7.6 bougies allemandes.

La *Conférence internationale* du 3 mai 1884 a fixé, par décision, l'unité de lumière blanche par celle émise perpendiculairement par 1 centimètre carré de platine à la température de solidification.

Le tableau ci-dessous (d'après Hospitalier) donne les rapports qui existent entre les différentes unités photométriques.

A l'aide des indications précédentes, le lecteur pourra comparer l'intensité lumineuse des différentes lampes électriques.

Unités de lumière.

Désignation.	Étalon de M. Violle.	Carcel.	Bougie de stéarine.	Candle.	Bougie allemande.
Etalon de M. Violle..........	1	2,080	13,520	15,392	15,808
Carcel..........	0,481	1	6,500	7,400	7,60
Bougie de stéarine..........	0,074	0,154	1	1,139	1,169
Candle....................	0,065	0,135	0,879	1	1,027
Bougie allemande..........	0,063	0,132	0,855	0,974	1

(1) Conditions établies par MM. J.-B. Dumas et Regnault dans leurs expériences pour la vérification du pouvoir éclairant du gaz à Paris.

(2) 1 pouce (inch) = 0^m,025399.

(3) 1 grain (*troy*) 0 gramme 06480.

Les systèmes d'éclairage.

Quel que soit le système d'éclairage employé, la production de la lumière ne s'obtient qu'à l'aide d'un corps porté à une haute température. Si le corps est combustible, et placé dans un milieu comburant (pourvu d'oxygène), il s'use en brûlant; au contraire, un corps, même combustible, porté à une haute température dans un milieu dépourvu d'oxygène, ne s'use pas en produisant la lumière.

De là deux procédés ou systèmes de production de lumière électrique :

L'arc voltaïque,

L'incandescence.

L'histoire de l'éclairage électrique est toute récente : en 1813, Humphry-Davy obtint l'arc voltaïque avec une batterie de 2,000 piles; en 1842, Deleuil et Archereau montrent la possibilité d'utiliser l'arc voltaïque à l'éclairage public; en 1844, Foucault construisit une *lampe électrique;* en 1863, on en fit la première application pratique aux phares de la Hève (machines de l'Alliance); en 1876, l'officier russe Jablochkoff imagina le nouvel éclairage qui trouve de nombreuses applications.

L'arc voltaïque.

Dès 1813, le chimiste anglais Davy eut l'idée de terminer les conducteurs de la batterie électrique par deux morceaux de charbon de bois taillés en pointe; en mettant les extrémités en contact puis en les écartant un peu, il vit jaillir entre elles une lumière d'un éclat comparable à celui du soleil.

Foucault utilisa la pile de Bunsen, remplaça le charbon de bois employé par Davy par des baguettes prismatiques de charbon, taillées dans le coke qui se dépose sur les parois intérieures des cornues des usines à gaz, et construisit une lampe électrique qu'il présenta à l'Académie des sciences en avril 1844; vers la fin de la même année, le célèbre constructeur d'appareils de physique, Deleuil, fit un essai de cet éclairage sur la place de la Concorde, à Paris.

La question des charbons à employer est capitale pour ce genre d'éclairage et leur fabrication n'est pas toujours facile; sans rentrer ici dans les détails des différentes recherches entreprises à ce sujet par Davy, Bunsen (1842), Foucault (1844), Staite et Edwards (1846), Le Molt (1849), Watson et Slater (1852), Lacassagne et Thiers (1857), Jacquelain, Archereau, Carré, et Gauduin (1877), nous dirons qu'aujourd'hui les usines arrivent à fabriquer d'une façon très uniforme des charbons agglomérés cylindriques, très droits et très lisses de 1 à 50 millimètres de diamètre. En pratique, les diamètres employés sont de 3 à 5 millimètres; les grandes lampes de chantiers ont des charbons de 7 à 10 millimètres; les phares, la marine et la guerre emploient des baguettes de 20 millimètres.

Sous l'influence du courant, les extrémités des charbons, portées à un haute température, deviennent incandescentes; la combustion des charbons produit leur usure. Pour conserver la fixité de l'éclat lumineux et pour éviter l'extinction, il faut maintenir les pointes à un écartement constant.

Sous l'action d'un courant continu, l'usure des charbons est inégale, l'un (le positif) s'use deux fois plus vite que l'autre; le pôle positif se creuse en entonnoir. Avec un courant alternatif, l'usure des charbons est sensiblement égale et régulière.

Pour maintenir les pointes des charbons à une distance constante, on emploie des *régulateurs* ou des *bougies.*

Les *régulateurs* sont composés en principe d'un mécanisme chargé : 1° d'approcher les charbons pour produire l'allumage, 2° de maintenir ces charbons à la distance voulue.

La fig. 43 donne le schéma d'un régulateur; les charbons sont en A et B, ce dernier est fixé dans une monture C reliée avec l'enveloppe R renfermant le mécanisme régulateur ; les fils conducteurs sont en *f.* L'ensemble s'accroche par un anneau D.

Les mécanismes régulateurs étant compliqués, délicats et coûteux, nous ne croyons pas qu'ils puissent trouver de nombreuses applications en agriculture.

Dans les régulateurs, les charbons sont placés bout à bout; dans les *bougies,* ils sont disposés parallèlement. La véritable bougie électrique qui ne comporte *aucun* mécanisme est due à M. Jablochkoff (1876).

Nous donnons, d'après Hospitalier, un

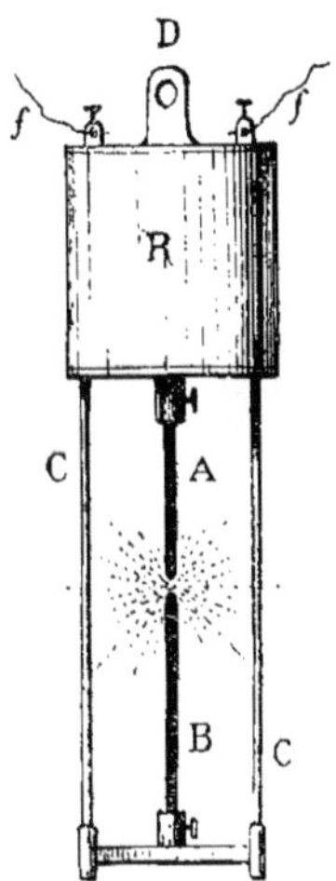

Fig. 43. — Régulateur pour lumière électrique par arc voltaïque.

extrait du brevet Jablochkoff qui caractérise nettement cette invention :

« Mon invention consiste dans la suppression absolue de tout mécanisme ordinairement employé dans les lampes électriques. Au lieu de réaliser mécaniquement le rapprochement automatique des charbons, au fur et à mesure de leur combustion, je fixe ces charbons l'un contre l'autre en les séparant par une substance isolante, susceptible de se consumer en même temps que lesdits charbons, le kaolin par exemple. Les deux charbons ainsi préparés peuvent se placer dans un chandelier spécial et il suffit de les faire traverser par le courant d'une source électrique quelconque, pour qu'un arc voltaïque prenne naissance d'une extrémité à l'autre; pour l'allumage, je réunis les deux extrémités libres par une petite bande de charbon qui rougit d'abord et qui sert d'amorce à l'arc voltaïque. »

Les charbons brûlent donc côte à côte et s'usent en même temps comme une bougie ordinaire; ces bougies Jablochkoff doivent être exclusivement alimentées par des courants alternatifs. La figure 44 représente une bougie formée de ses deux charbons A et B, maintenus dans leur monture D, fixée sur la plaque isolant E ; en *f* sont les conducteurs ; en pratique, on installe dans le même globe quatre bougies dont le fonctionnement est consécutif.

Les seuls inconvénients des bougies Jablochkoff sont l'impossibilité d'un rallumage automatique et les changements continuels dans l'éclat et la coloration de la lumière.

MM. Bazalgettes et Keates ont présenté en mai 1879, un rapport au *Metropolitan Boards of Works* de Londres sur les résultats d'expériences de l'installation faite à Londres, sur le quai Victoria, comprenant vingt bougies alimentées par une machine Gramme (à courants alter-

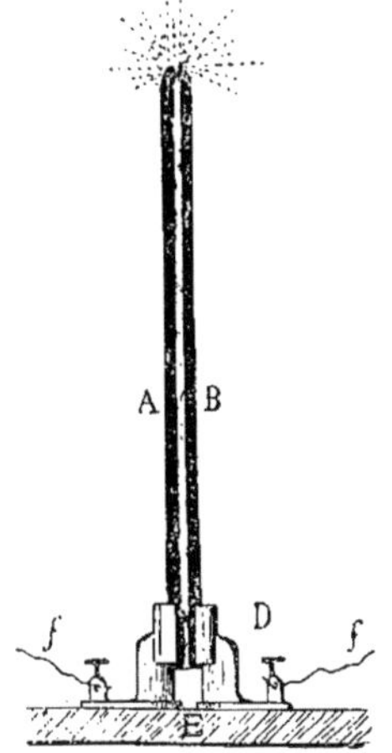

Fig. 44. — Principe d'une bougie Jablochkoff.

natifs) et disposées en quatre circuits de cinq bougies chacun ; voici quelques passages principaux de ce rapport :

| Nombre de | | Travail total absorbé par la machine | Travail par bougie |
bougies.	circuit.	(chev.-vapeur).	(chev.-vapeur).
5	1	13.57	1.57
10	2	17.91	1.27
15	3	20.75	1.05
20	4	23.53	0.92

La mesure photométrique a donné les résultats suivants :

	Carcels.
Pour 1 bougie brûlant à feu nu.........	39.8
— — avec un verre craquelé..	27.9
— — avec globes opalins	16.3

Lorsqu'il s'agit d'éclairer de grands espaces comme les cours, les champs, etc., on peut employer avantageusement les bougies Jablochkoff, qui sont d'une installation peu coûteuse.

A l'Exposition universelle de 1878, on remarquait la machine Albaret, que représente la figure 46. L'appareil se compose d'une locomobile d'une puissance de trois à quatre chevaux-vapeur, actionnant directement par courroie une machine dynamo de Gramme, fixée sous le corps horizontal de la chaudière.

A l'avant et au-dessus de la boîte à fumée est fixé un mât formé de tubes en fer emmanchés les uns dans les autres et arrêtés par des frettes; ces tubes sont armés de croisillons et de fils de fer articulés, afin de faciliter le démontage et le transport. La partie inférieure du mât est montée sur un axe horizontal; il peut se rabattre horizontalement pour le démontage, et sa manœuvre se fait à l'aide d'un petit treuil à manivelle.

La lampe est fixée à une corde passant sur une poulie placée à la partie supérieure du mât.

La figure 46 montre l'application de ces appareils électriques à l'éclairage de quelques travaux agricoles, afin d'éviter aux ouvriers la fatigue résultant des ardeurs du soleil ou pour obtenir un travail plus important dans un temps donné;

Fig. 45. — Locomobile électrique (Ransomes-Cadiot).

on a déjà pensé à employer l'éclairage électrique à la vendange en Algérie.

Les locomobiles électriques pour l'éclairage sont aujourd'hui d'une fabrication courante (Ransomes (fig. 45), Société française de matériel agricole, Davey Paxman et C°, etc., etc.).

Le tableau suivant donne quelques indications sur la superficie éclairée par des lampes à arc.

Intensité lumineuse par régulateur (en carcels).......	500	150	70	50
— — — (en bougies)......	3250	975	455	325
Puissance nécessaire par lampe, en chevaux-vapeur ..	3	1 1/2	1	1/2
Surface éclairée utilement par la lampe (mètres carrés) :				
1° Chantiers de travaux publics..................	30.000	»	»	
2° Atelier de montage, fonderie, chaudronnerie, quai de manutention, docks.................	1.000	500	250	125
3° Atelier de mécanique, ajustage, machines-outils, etc......................	400	200	100	50
4° Filature, tissage, atelier de précision..........	150	75	40	20

Lorsque l'espace à éclairer est bas ou encombré de matériaux ou de colonnes et de poteaux, il faut multiplier les foyers en diminuant l'intensité lumineuse de chacun d'eux. Les foyers puissants conviennent aux larges espaces libres et découverts tels que cours, quais, chantiers, etc.

L'incandescence.

Dans ce mode d'éclairage, les électrodes sont supprimés, il n'y a plus qu'un corps solide *traversé* par un courant électrique qui l'élève à une très haute température.

Si le corps est à l'air libre (crayon de charbon, système Reynier, Werdermann, etc.), il se consume plus ou moins rapidement.

Si le corps est dans un vase clos, privé d'oxygène, il se désorganise que très lentement; ce système, dit incandescence pure, est le seul employé dans la pratique courante.

Le corps doit être peu conducteur de l'électricité et peu fusible, afin que le passage du courant puisse le chauffer à une très haute température.

Les corps successivement employés furent le platine (1841. Frederick de Moleyns), le platine irridié et l'irridium (1849, Pétrie), enfin le charbon (1845, J.-W. Starr; King; 1846, Greener et Staite; 1873, Lodyguine; Kosloff; 1875, Konn;

Fig. 46. — Emploi de la lumière électrique pour les travaux de la moisson.

1876, Bouliguine; 1878, Édison; Sawyer; Lontin, Maxim, etc., etc.)

Les lampes à incandescence sont formées d'un filament de matière organique carbonisée d'une grande résistance électrique; ce sont des fibres ténues tirées de l'écorce du bambou dans la lampe Édison; un filament carbonisé de chiendent dans la lampe Lane-Fox; du carton bristol découpé et carbonisé dans la lampe Maxim; une tresse de coton dans la lampe Swan, etc., etc.

Ce filament est rendu incandescent par un courant relativement faible comme intensité; il est renfermé dans un globe de verre ou ampoule où l'air est raréfié à près d'un millionième d'atmosphère; dans la lampe Maxim, l'atmosphère raréfiée de l'ampoule est de la gazoline (hydrocarbure).

Les filaments ont différentes formes suivant les constructeurs : c'est un U dans les lampes « Sunbeam », Woodhouse et Rawson (fig. 47); un V renversé

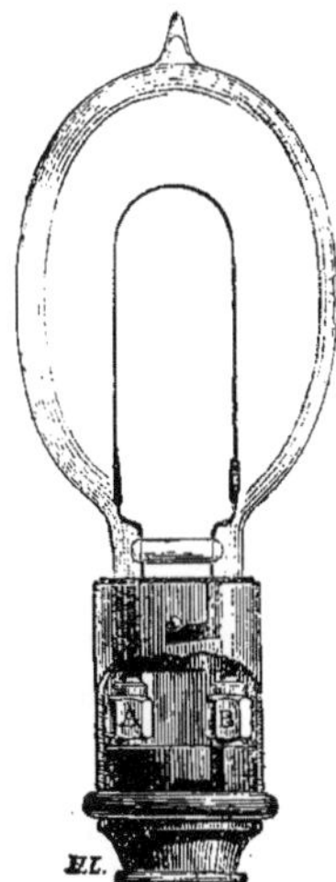

Fig. 47. — Lampe à incandescence (Woodhouse et Rawson-Cadiot).

dans la lampe « Merveilleuse » (fig. 48); une droite horizontale dans la lampe représentée fig. 49; une boucle dans les lampes Édison-Swan; un M dans la lampe Maxim, etc.

Dans la lampe (fig. 49) destinée à être montée en tension, le filament a maintient l'écartement des tiges conductrices; lorsque le filament a est détruit par l'usage

ou accidentellement, un ressort placé en e rapproche les tiges conductrices afin de

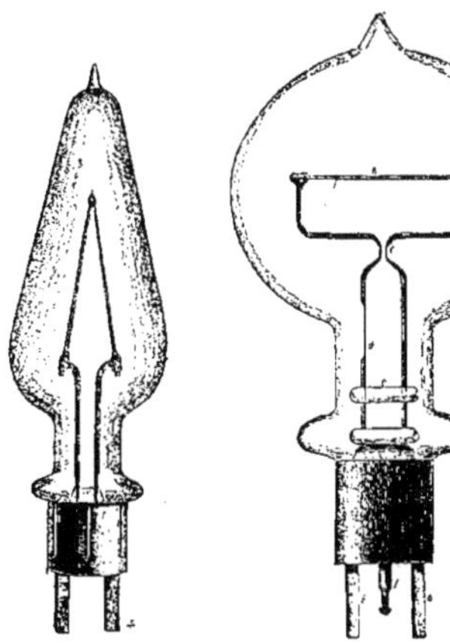

Fig. 48. — Lampe la Merveilleuse (Cadiot).

Fig. 49. — Lampe à incandescence montée en tension (Cadiot).

ne pas couper le circuit pour les autres lampes (V. page 8, fig. 5).

Les lampes se fabriquent sur plusieurs types donnant des intensités lumineuses de 2 bougies 1/2 (nous ne parlons pas ici des lampes minuscules pour bijoux ou accessoires de théâtre) jusqu'à 1,000 et même 3,000 bougies.

Voici quelques renseignements sur le courant électrique nécessaire pour le fonctionnement des lampes à incandescence.

Lampes Édison-Swan.

Pouvoir éclairant en bougies.	Volts.
2 1/2 à 5	10 à 20
8 à 50	20 à 110
100	95 à 110
200	40 à 120
500	50 à 120
1000	100 à 120

Grandes lampes Sunbeam.

Pouvoir éclairant en bougies.	Volts.
150 à 400	50
200 à 500	65
300 à 600	80
300 à 3000	100

Avec un même courant (même dynamo et même puissance mécanique), on obtient environ, avec les lampes à incandescence, les 2/3 de l'éclairage des lampes à arc entourées d'un globe opale, mais on a l'avantage d'avoir une lumière plus stable et de pouvoir se servir de courants continus.

On compte qu'une lampe à incandescence de 16 bougies éclaire utilement une surface de 8 à 10 mètres carrés. Un cheval-vapeur fourni par la machine génératrice peut alimenter :

8 lampes de 16 bougies,
ou 16 — 8 —

et fournir une intensité lumineuse de 128 bougies (ou 16,896 à 10,712 carcels). On compte souvent dans la pratique que 10 bougies équivalent à un carcel ; dans ce cas, avec les lampes à incandescence, on obtiendrait, par cheval-vapeur, une intensité lumineuse de 12,8 carcels.

La durée d'une lampe, ou *vie de la lampe*, dépasse souvent deux mille heures ; en pratique, les lampes bien fabriquées ont une vie moyenne garantie de mille heures. (Comme elles coûtent 5 fr., la consommation des lampes revient à 1/2 centime par lampe et par heure.)

Voici quelques chiffres provenant des expériences de la commission de l'exposition d'électricité de 1881.

Lampes à incandescence.

Désignation.	Maxim.	Édison.	Lane-Fox.	Swan.
Résistance à chaud (ohms)	43	130	28	31
Différence de potentiel aux bornes (volts)	75	91	50	48
Intensité du courant (ampères)	1.74	0.70	1.77	1.55
Puissance électrique absorbée en kilogrammètres par seconde	13.28	6.50	8.95	7.62
Intensité lumineuse (carcels)	2.80	1.57	1.64	2.19
Carcels par cheval électrique	15.89	18.12	13.74	21.55

Aux mines de houille de Cannock-Chase, on fit en 1889 de nombreuses expériences sur des lampes à incandescence (lampes Woodhouse et Rawson de 20 bougies sous 80 volts). La durée moyenne, y compris les ruptures accidentelles, était de 2,000 heures par lampe ; certaines lampes ont eu une durée de 7,475 heures. Des expériences faites au point de vue de constater la dépense d'électricité nécessitée par les lampes à incandescence suivant leur alimentation soit par des courants alternatifs, soit par des courants continus, ont donné en moyenne générale :

par bougie

Pour les courants alternatifs.... 3,0497 watts.
Pour les courants continus..... 3,0490 —

Les auteurs de ces expériences concluent que le rendement en lumière des lampes à incandescence est le même pour les courants continus ou alternatifs.

Les lampes à incandescence se fixent dans des supports de différentes formes (au plafond, sur pied, contre les murs, etc.). Elles peuvent brûler sous l'eau, et être placées sans danger au milieu des matières inflammables (on les emploie pour les poudrières, les mines, les magasins à alcool, à matières textiles, granges, etc); elles ne dégagent que peu de chaleur et n'altèrent pas l'air.

Ces lampes qui demandent des courants continus, peuvent être groupées pour l'éclairage des grands espaces ; on a pu en voir de nombreuses applications à l'Exposition universelle de 1889. Leur emploi en agriculture est donc tout indiqué.

Montage des lampes.

Les lampes se placent dans le circuit

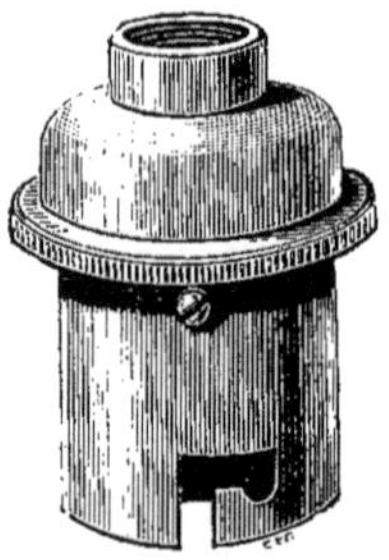

Fig. 50. — Support de lampe électrique.

en tension ou en dérivation (voy. page 8, fig. 5 ou 6).

Les lampes à incandescence sont généralement montées en dérivation, système qui assure leur indépendance.

La puissance absorbée par un foyer de lumière électrique est donné par

$$W = E I$$

E étant la différence de potentiel (en volts) aux bornes de la lampe et I l'intensité (ampères) nécessaire à son fonctionnement.

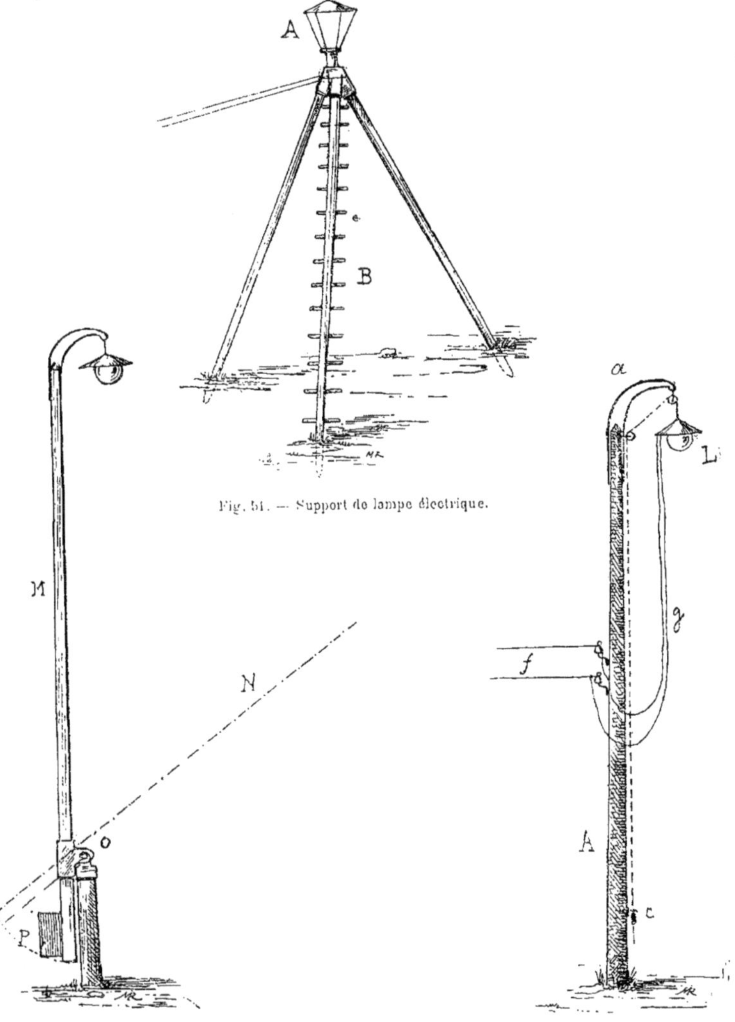

Fig. 51. — Support de lampe électrique.

Fig. 53. — Potence à bascule pour lampe électrique.

Fig. 52. — Potence fixe pour lampe électrique.

La puissance en kilogrammètres par seconde est donnée par

$$P = \frac{E I}{9,81}$$

L'intensité du courant fourni à la lampe ne doit pas dépasser celle qui est nécessaire, sinon on la détériore ou on abrège sa vie ; beaucoup de modèles sont à cet effet munis d'un coupe-circuit caché dans le support même de lampe.

Les lampes à incandescence s'emboîtent dans des supports (fig. 50) installés à poste fixe ; ces supports sont horizontaux lorsqu'ils sont placés le long d'une paroi verticale (mur, poteau, etc.), ou verticaux lorsqu'ils sont placés au plafond.

Pour l'éclairage des grands espaces, on place la lampe A à une certaine hauteur au-dessus du sol, au sommet de trois perches (fig. 51), dont l'une est munie de barreaux B formant l'échelle de perroquet.

On peut également employer un poteau ou potence, A (fig. 52) coiffé d'une ferrure a supportant la lampe L, que l'on peut abaisser au niveau du sol à l'aide d'une chaîne c passant sur deux poulies. La lampe est reliée aux fils f par des conducteurs flexibles g. Cette disposition, au point de vue des conducteurs, nous semble préférable aux poteaux M à charnière représentés par la figure 53, pouvant pivoter (N) autour d'un point o et équilibrés par un poids p.

CHAPITRE V

TRANSMISSION DE LA PUISSANCE

C'est sur les phénomènes d'attraction qui s'exercent entre les électro-aimants et leurs armatures, lors du passage du courant électrique, qu'est basée la construction des moteurs électriques. Plusieurs tentatives eurent lieu simultanément en Allemagne, en Italie, en Angleterre et en Amérique, vers 1829, en vue d'appliquer l'électro-magnétisme à la production du mouvement; mais la première réalisation pratique est due à Jacobi qui, en 1839, fit fonctionner sur la Néva, à Saint-Pétersbourg, une chaloupe à l'aide d'un moteur électrique de 3/4 de cheval-vapeur commandé par une batterie de 128 piles de Grove.

L'idée première d'employer les machines électriques réversibles (Voir *Machines dynamo-électriques*, page 13) au transport de la puissance à distance, revient à la Société Gramme, qui en fit l'application en 1873 à l'Exposition de Vienne (la transmission avait 1 kilomètre de longueur et actionnait une pompe centrifuge Neut et Dumont).

Depuis cette époque, beaucoup d'ingénieurs s'occupèrent de cette intéressante question, parmi lesquels il faut citer M. Hippolyte Fontaine, MM. Siemens, de Berlin et M. Félix, de Sermaize.

MM. Siemens, dès 1879, étudièrent l'utilisation de l'électricité à la traction des tramways (Berlin, Bruxelles) — tram-way de l'Exposition d'électricité de Paris 1881).

M. Félix avait appliqué l'électricité au labourage (treuils roulants automobiles mus par deux machines électriques Gramme) et à tous les travaux de la ferme à l'aide d'une petite machine dynamo montée en locomobile.

En 1882, M. Marcel Deprez installa une transmission électrique de Miesbach à l'exposition de Munich; la distance était de 57 kilomètres, la puissance transmise de $\frac{1}{2}$ cheval-vapeur et le rendement de 40 0/0.

L'Exposition d'électricité de Paris, en 1881, et l'Exposition universelle de 1889, renfermaient une grande variété d'appareils destinés aux tranports de la puissance mécanique par l'électricité, qui actionnaient soit des machines particulières (pompes centrifuges, perforateurs, machines à coudre, machines-outils, etc.), soit même des arbres de couche de certaines classes et notamment la classe 49, machines agricoles françaises (installation Deprez) et la section des machines agricoles américaines (installation Thomson).

Il résulte donc de nombreuses expériences que par l'électricité l'on peut, d'une façon pratique et utilisable, transmettre à distance la puissance mécanique d'un moteur ; l'installation peut se représenter schématiquement par la figure 54 :

En A se trouve l'usine chargée de produire l'énergie électrique ; en B, l'usine qui utilise cette énergie ; les deux usines A et B sont reliées entre elles par des conducteurs qui constituent la ligne électrique L.

En détail, un moteur quelconque M (machine à vapeur, moteur hydraulique, etc.) actionne une dynamo G chargée de transformer la puissance mécanique de la machine motrice M en énergie électrique ; — le courant fourni par la machine G, qui porte le nom de *génératrice*, est envoyé, par les fils conducteurs L, à la dynamo R et revient à la génératrice G par un autre fil dit de retour. La machine R, appelée *réceptrice*, transforme l'énergie électrique qu'elle reçoit en puissance mécanique et actionne les machines-outils diverses N.

Le résultat pratique que l'on doit viser est le rendement général de l'installation, c'est-à-dire le rapport entre le travail mécanique produit en M et le travail mécanique utilisable en N.

En électricité, on distingue plusieurs sortes de rendement :

1° *Rendement électrique d'une génératrice* (voir page 19) : Rapport entre le travail mécanique total, absorbé par la

Fig. 54. — Principe d'une transmission d'énergie électrique.

machine G (fig. 54) et l'énergie électrique totale fournie.

2° *Rendement électrique disponible :* C'est le rapport entre le travail mécanique total absorbé par la machine G (fig. 54) et l'énergie électrique disponible dans les conducteurs L (ou entre les bornes de la génératrice dans le circuit extérieur).

3° *Rendement mécanique d'un moteur électrique* (réceptrice) : C'est le rapport entre l'énergie électrique qui est fournie à la machine R (fig. 54) et le travail mécanique qu'elle est susceptible de donner.

4° *Rendement électrique d'une transmission de puissance :* Rapport entre le travail fourni en M (fig. 54) transformé en énergie électrique par la génératrice G et l'énergie électrique transformée en travail par la réceptrice R.

5° *Rendement mécanique ou industriel d'une transmission de puissance :* Rapport entre le travail donné en N par la réceptrice R (fig. 54) à celui fourni par la motrice M.

Ce qui nous intéresse en pratique, c'est le dernier *rendement ;* c'est lui qui permet à l'agriculteur ou à l'industriel de déterminer les conditions économiques de l'installation projetée. De même le rendement électrique disponible permet de choisir entre telle ou telle machine génératrice ou réceptrice pour l'établissement de la transmission de la puissance.

Si le moteur employé est une chute d'eau qu'on n'utiliserait pas sans la transmission électrique, le rendement n'a pour ainsi dire pas à rentrer en ligne de compte et, quand bien même il s'abaisserait à 40 0/0, l'installation serait encore pratiquement utilisable.

Une seule génératrice peut actionner plusieurs réceptrices; si ces dernières fonctionnent d'une façon consécutive ou en d'autres termes, si l'énergie électrique prise à l'extrémité du circuit est variable, le mécanicien chargé de la conduite de la génératrice pourra varier la production de cette dernière en agissant sur le rhéostat (voir Accessoires de l'usine électrique, page 20).

Pour les transmissions dites simples, la réceptrice pourra être identique à la

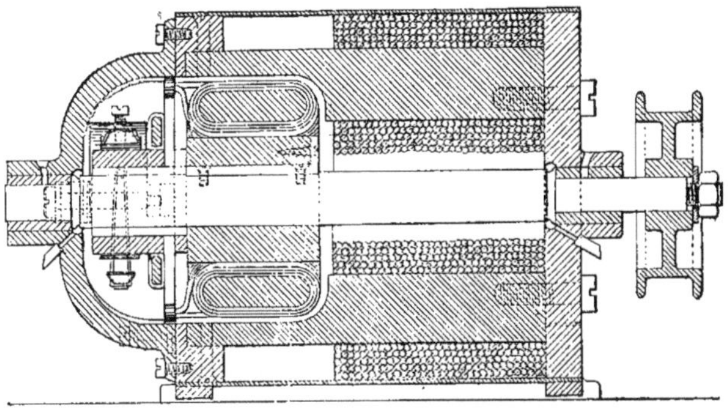

Fig. 55. — Coupe du moteur électrique Gramme.

génératrice; cela augmente un peu le prix de l'installation, mais évite les changements brusques de vitesse de la réceptrice lorsque le travail qu'on demande à cette dernière est sujet à variations.

Lorsque le travail résistant (en N,

Fig. 56. — Moteur électrique Belfort d'un cheval (à l'échelle de 1/6).

fig. 54) est constant, ou peu sujet à variations, la réceptrice pourra être plus faible que la génératrice; la différence entre les deux machines pourra être d'autant plus grande que la distance qui les sépare sera plus considérable.

Les machines réceptrices (fig. 55, 56 et 57) étant identiques aux génératrices au point de vue de la construction et de la position des pièces (inducteurs, induit, etc.), nous renvoyons le lecteur au chapitre II (page 13).

Les réceptrices ont l'avantage d'être petites, peu encombrantes et légères; c'est avec la plus grande facilité qu'on peut les monter et les accoupler directement aux machines à mettre en mouvement ; l'Exposition universelle de 1889 nous en a montré de nombreux exemples.

La fig. 56 représente à l'échelle de $\frac{1}{6}$ un moteur électrique Belfort (de 1 cheval) dans lequel les inducteurs annulaires entourent l'induit. Voici quelques chiffres relatifs à cette machine.

Moteurs électriques (Société alsacienne de constructions mécaniques).

Puissance du moteur en chevaux-vapeur.	Énergie électrique nécessaire en watts.	Tension en volts.	Nombre de tours approximatifs.	Observations.
1/10 de cheval..........	150	10 à 120	2500	
1/5 —	300	20 à 120	2200	
1/2 —	700	30 à 250	1800	
1 cheval..............	1200	40 à 500	1500	Poids, 58 kilogr.

Les réceptrices de petites forces (5 à 7 kilogrammètres) peuvent remplacer un homme pour la manœuvre des petites machines (tarares, trieurs, barattes, etc.). A l'arsenal de Puteaux, la transmission par arbre a été supprimée et chaque machine-outil (tours, machines à percer, machines diverses) est actionnée directement par une petite réceptrice spéciale que l'ouvrier met en mouvement ou arrête à l'aide d'un commutateur.

Pour la plupart des applications, les réceptrices tournent à une trop grande vitesse ; on réduit cette dernière à l'aide de trains d'engrenages ou de poulies intercalées entre chaque réceptrice et la machine qu'elle fait mouvoir.

Tant que le moteur électrique ne fonctionne pas, toute l'énergie électrique fournie par la génératrice est transformée en chaleur ; dès qu'il se met en mouvement, il tend à développer dans le circuit une réaction opposée à la force électro-motrice, qui porte le nom de *force contre-électro-motrice ;* cette dernière a pour effet de diminuer l'intensité du courant qui traverse cette génératrice. En fonctionnement, la production du courant est alors proportionnelle à l'excès de la force électro-motrice E de la génératrice sur la force contre-électro-motrice e de la réceptrice ; si R, R', R'' représentent les résistances de la génératrice, de la réceptrice et de la ligne, l'intensité I du courant en ampères est :

$$I = \frac{E - e}{R + R' + R''} \quad (1)$$

(1) Équation du genre $I = \frac{E}{R}$ (loi de Ohm), page 10.

La puissance P absorbée par la génératrice, exprimée en kilogrammètres par seconde est :

$$P = \frac{E\,I}{9,81}$$

La puissance électrique P', exprimée en kilogrammètres par seconde, fournie par la réceptrice est :

$$P' = \frac{e\,I}{9,81}$$

La perte p dépensée par l'échauffe-

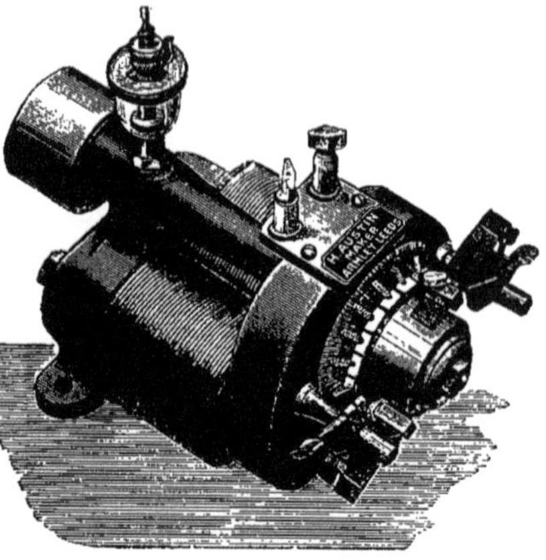

Fig. 57. — Moteur électrique *Bébé* (H. Austin-Cadiot).

ment du circuit des machines et de la ligne (exprimée en kilogrammètres par seconde), est :

$$p = \frac{I^2\,(R + R' + R'')}{9,81}$$

et le *rendement électrique* de l'installation est :

$$\frac{P'}{P} = \frac{e}{E}$$

Le rendement électrique est donc indépendant des résistances et par suite de la longueur de la ligne (en admettant un isolement parfait de cette dernière).

Sans insister plus longuement sur ces considérations mathématiques, voici quelques résultats d'expériences sur le transport de la puissance à l'aide de l'électricité :

Expériences du chemin de fer du Nord.

(1883.)

Génératrice. — Machine Marcel Deprez, à double anneau Gramme.
Réceptrice. — Machine Gramme, type D.
Ligne. — Longueur, 17 kilomètres ; fil télégraphique ordinaire en fer galvanisé de 4 millimètres de diamètre.

RÉSULTATS

Génératrice.	1er essai.	2e essai.
Intensité du courant (ampères)...................	2,559	2,687
Force motrice absorbée en chevaux-vapeur..........	6,21	10,40
Nombre de tours par minute.	590	814
Puissance électrique produite, en chevaux-vapeur.	4,42	6,81
Différence de potentiel aux bornes (volts)............	1290	1865

Réceptrice.		
Nombre de tours par minute.	365,8	595
Différence de potentiel aux bornes (volts)............	908	1485
Puissance électrique fournie, en chevaux-vapeur.......	3,12	5,42
Puissance mécanique produite, en chevaux-vapeur.	2,03	3,30
Rendement mécanique industriel 0/0	32,6	31,7

Expériences entre Vizille et Grenoble.

(1883.)

Génératrice. — Machine Gramme à deux anneaux accouplés en tension, à axe commun (type Marcel Deprez, n° 10).
Réceptrice. — Machine Gramme, type D, transformée.
Ligne. — Longueur, 14 kilomètres ; fils aériens en bronze siliceux de 2 millimètres de diamètre.

RÉSULTATS

Génératrice.	1er essai.	2e essai.
Puissance brute transmise (en chevaux-vapeur)..........	12,61	11,56
Puissance reçue par la génératrice, transmission déduite (en chevaux-vapeur).	12,27	11,18
Nombre de tours par minute.	995	1140

Réceptrice.		
Nombre de tours par minute.	618	875
Puissance mécanique produite, en chevaux-vapeur..	6,33	6,97
Rendement mécanique 0/0...	51,6	62,3

Expériences de Creil-Paris.

(1885.)

(Communiquées à l'Académie des sciences, le 26 octobre 1885).
Génératrice et réceptrice. — Machines précitées, placées côte à côte à Creil.
Ligne. — Fil de bronze siliceux de 112 kilomètres (aller et retour), bouclé à La Chapelle.

RÉSULTATS

Génératrice.	1er essai.	2e essai.
Puissance mécanique (en chevaux-vapeur)..............	62,10	61
Nombre de tours par minute.	190	170

Réceptrice.		
Nombre de tours par minute.	248	277
Puissance mécanique produite, en chevaux-vapeur..	35,8	40
Rendement électrique 0/0....	77	78
Rendement mécanique industriel 0/0	47,7	53,4

Nota. — Dans les trois séries d'expériences précédentes de M. Marcel Deprez on n'a pas tenu compte du travail dépensé par les machines chargées d'exciter les générateurs (v. p. 14).

En pratique, le *rendement industriel* est légèrement influencé par la distance, les conducteurs n'étant pas toujours dans un état d'isolement parfait.

Ainsi dans les expériences précitées entre Vizille et Grenoble, on a trouvé pour les 14 kilomètres de ligne soigneusement établie, les résultats suivants :

RÉSULTATS

	1re expérience.	2e expérience.
Intensité du courant à Vizille (en ampères)....................	3,268	3,514
— — reçu à Grenoble (en ampères).............	3,099	3,282
Perte dans la transmission.................	5,1 0/0	6,6 0/0

En général, on peut admettre dans la ligne une perte d'énergie électrique de 10 0/0 (ce qui permet d'employer des fils d'une faible section).

La Compagnie continentale Edison a bien voulu me communiquer les quelques résultats suivants, provenant d'expériences effectuées soit dans ses installations de l'Exposition universelle de 1889, soit dans ses ateliers.

ÉNERGIE à la génératrice en kilogrammètres.	RÉCEPTRICE						
	Énergie disponible (1).		Courant absorbé (ampères).	Tension aux bornes (volts).	Nombre de tours par minute.	Poids en kilogr.	Rendement total (1).
	kilogrammètres.	chevaux-vapeur.					
50	25	»	4,1	100	2150	25	50 0/0
83	50	»	6,6	100	2500	50	60 0/0
130	75	1	10,3	100	1250	90	58 0/0
278	150	2	22,0	100	1450	325	53.5 0/0
582	300	4	46,0	100	1260	462	51.5 0/0
1081	600	8	85,5	100	1160	876	55.5 0/0

(1) En comptant 10 0/0 de perte dans la ligne.

Enfin, en dernier lieu, je citerai une très belle installation de transmission d'énergie électrique faite récemment par M. A. Hillairet, ingénieur électricien à la papeterie du Moutier, près de Domène, dans l'Isère.

Un massif montagneux, couronné par le pic de Belledonne (2,981 mètres), domine le hameau du Moutier et la petite ville de Domène; un ruisseau torrentiel, le Doméon, arrose toute la vallée et se jette dans l'Isère. Au-dessus de Domène, le ruisseau est encaissé dans une gorge dont les parois presque verticales s'élèvent à 200 mètres; à cet endroit sont déjà installées les papeteries de la Gorge, mues par des turbines alimentées par une chute de 180 mètres.

A 5 kilomètres de Domène, se trouve le hameau des Eaux-de-Revel où l'on a édifié l'usine de la *Force*, chargée de produire l'énergie électrique nécessaire aux papeteries du Moutier.

L'usine de la Force abrite une turbine qui commande directement la dynamo génératrice. La turbine fonctionne sous une chute de 70 mètres; la prise d'eau est une conduite en tôle d'acier de 700 mètres de longueur.

L'usine de la Force est reliée avec la papeterie du Moutier par deux câbles formant la ligne électrique dont la longueur est de 5 kilomètres; en certains points, la ligne présente une inclinaison verticale de 60 degrés.

Voici quelques chiffres relatifs à cette belle installation :

Génératrice.

Puissance...................... 300 chev.-vap.
Vitesse par minute............ 240 tours.

Réceptrice.

Puissance...................... 200 chev.-vap.
Vitesse par minute............ 300 tours.
Longueur de la ligne......... 5 kilom.
Force électro-motrice maxim. 2850 volts.
Intensité maximum............ 70 ampères.

Résistances.

Génératrice, inducteurs....... 0 ohm 950
— induits.......... 0 — 984
Ligne......................... 3 — 474
Réceptrice, inducteurs........ 0 — 731
— induits.......... 0 — 690

Total........ 6 ohms 829

Rendement.

Électrique, calculé d'après les résistances................. 83 0/0
Mécanique brut moyen........ 65 »

Il est bon de remarquer que cette installation a été nécessitée par le développement de l'usine du Moutier qui, par des raisons économiques, était obligée de remplacer les moteurs à vapeur par un moteur hydraulique; que le point où les eaux du Doméon pouvaient être utilisées et où est établi l'usine de la Force est inaccessible en hiver ; il eût été impossible d'y installer la papeterie. Pendant les quatre mois de l'hiver 1889-1890, on pouvait à peine transporter les approvisionnements nécessaires à l'usine de la Force ; la neige et la glace accumulées aux fils n'apportèrent aucune perturbation au fonctionnement de l'installation qui marche jour et nuit.

L'usine de la Force est en communication téléphonique avec la papeterie. Le personnel se compose de deux surveillants de la génératrice (l'un de service de jour, l'autre de nuit) et de deux conducteurs de la réceptrice (*qui sont d'anciens chauffeurs*). C'est le surveillant de la génératrice qui règle le circuit de cette dernière suivant le travail absorbé à la réceptrice et *gouverne* ainsi la marche de l'usine.

Prix de revient d'une transmission d'énergie électrique.

Pour les faibles distances (1 kilomètre) le transport de l'énergie peut s'effectuer avec des câbles en cuivre nus, fixés sur des poteaux par l'intermédiaire d'isolateurs en porcelaine, sous une tension de 100 volts.

Pour les plus grandes distances, afin de diminuer les frais de canalisation, il devient nécessaire d'opérer à des tensions plus élevées de 2 à 400 volts et quelquefois plus.

Enfin, pour fixer les idées sur une installation de transmission électrique, y compris les prix de revient, je citerai les chiffres suivants qui m'ont été fournis par la Compagnie continentale Edison.

Prix de revient d'une transmission d'énergie électrique.

PUISSANCE en chevaux-vapeur de 75 kilogrammètres.		GÉNÉRATRICE			RÉCEPTRICE			PRIX fixe génératrice, réceptrice, accessoires et montages.
			Prix			Prix		
Du moteur.	Transmise.	Nombre de tours.	D'achat.	Montage et accessoires.	Nombre de tours.	D'achat.	Montage et accessoires.	
2	1	2000	600 fr.	350 fr.	1250	600 fr.	550 fr.	1900 fr.
4	2	1650	700 fr.	350 fr.	1450	900 fr.	350 fr.	2300 fr.
8	4	1400	1300 fr.	400 fr.	1260	1400 fr.	400 fr.	3500 fr.
16	8	1200	2000 fr.	450 fr.	1160	2300 fr.	450 fr.	5 200 fr.

Ces prix ne comprennent pas ceux de la canalisation (fil, fourniture et pose des poteaux) ; on a admis une perte de 10 à 15 0/0 dans la ligne, ce qui ramène le rendement à 50 0/0 environ.

A l'aide des renseignements généraux ci-dessus, ainsi que ceux donnés au chapitre de la ligne électrique, on pourra établir le devis d'une installation comprenant une génératrice et une ou plusieurs réceptrices.

En nous basant sur les chiffres du tableau précédent pour une puissance de 8 chevaux-vapeur, à la réceptrice on aurait la dépense suivante de premier établissement :

Machines, génératrice et réceptrice.. 5200 fr.
Ligne électrique, longueur supposée de 1 kilomètre.................... 350 fr.

Total............. 5550 fr.

Les dépenses annuelles seraient :

Intérêt et amortissement en 10 ans à 5 0/0 de 5,550 fr.............. 445 fr.
Service et entretien, compté à raison de 5 0/0..................... 277 fr. 50

Frais annuels... 722 fr. 50

Graissage, etc., à 2 fr. 50 par machine. 5 francs.
2 conducteurs à 4 fr.............. 8 —

Frais journaliers....... 13 francs.

Les dépenses se répartissent alors de la façon suivante :

NOMBRE de journées de travail par an.	FRAIS fixes par jour de travail.	FRAIS variables par jour, représentant 722 fr. 50 par an.	FRAIS TOTAUX PAR JOUR		FRAIS totaux par jour et par cheval-vapeur (1).
			Pour 8 chevaux.	Par cheval.	
300		2 fr. 40	15 fr. 40	1 fr. 92	2 fr. 82
200	13 fr.	3 fr. 61	16 fr. 61	2 fr. 07	3 fr. 26
100		7 fr. 22	20 fr. 22	2 fr. 52	4 fr. 57
50		14 fr. 45	27 fr. 45	3 fr. 43	7 fr. 20

(1) Les chiffres de la dernière colonne sont ceux cités par Hervé-Mangon, comme prix de revient du cheval-vapeur d'une locomobile de 8 chevaux.

On voit que l'installation d'une transmission électrique en agriculture est possible si l'on dispose d'un moteur hydraulique ou, comme nous le verrons plus loin (1), si l'on est à proximité d'une usine qui se chargera de *vendre* à la ferme, à prix débattu, l'énergie électrique. Dans ce cas, qui pourrait trouver de nombreuses applications, l'installation agricole ne comprendrait que la ligne et la réceptrice : les frais journaliers seraient réduits de moitié ; voici à titre d'exemple, le calcul pour une transmission de 8 chevaux-vapeur, sans compter le prix d'abonnement de l'énergie électrique :

DÉPENSES ANNUELLES

Intérêt et amortissement en 10 ans à 5 0/0.

Réceptrice......................	2300	
Montage et accessoires...........	450	
1 kilomètre de ligne.............	350	
	3100	248
Service et entretien, compté à raison de 5 0/0.....................................		155
Frais annuels...........		403
Huile, graissage, etc..................		2 fr. 50
Surveillant........................		4 fr.
Frais journaliers....		6 fr. 50

Les dépenses se répartiraient de la façon suivante :

NOMBRE de jours de travail par an.	FRAIS fixes par jour.	FRAIS variables par jour, correspondant à 403 francs par an.	FRAIS TOTAUX PAR JOUR	
			Pour une puissance de 8 chevaux.	Par cheval-vapeur.
300		1 fr. 34	7 fr. 84	0 fr. 98
200	6 fr. 50	2 fr. 01	8 fr. 51	1 fr. 06
100		4 fr. 03	10 fr. 53	1 fr. 31
50		8 fr. 06	14 fr. 56	1 fr. 82

A la fin de cette étude, nous discuterons les conditions générales d'installation des machines électriques pour la transmission de la puissance.

(1) Résumé et conclusions.

CHAPITRE VI

EMMAGASINEMENT DE L'ÉNERGIE ÉLECTRIQUE

Les accumulateurs.

On a eu l'idée de chercher différents systèmes qui seraient susceptibles de recevoir et d'emmagasiner un courant électrique, puis, à un moment voulu, de restituer ce courant, au moins partiellement, tout comme on emmagasine l'eau dans un réservoir ou un effort dans une lame de ressort.

Ces systèmes sont analogues aux piles hydro-électriques, tout en ayant cette différence que, si les piles ordinaires *produisent* les courants, ces piles *spéciales* (appelées *secondaires*) sont destinées à emmagasiner l'énergie électrique qui leur est fournie.

Les phénomènes qui se passent dans les piles secondaires (qui sont dus à ce que les électriciens appellent la *polarisation des électrodes*), ont été observés en 1801 par Gautherot, en 1803 par Ritter, puis par Grove. Mais la réalisation pratique est due à M. G. Planté (1860), qui en a donné une description dans ses *Recherches sur l'électricité*.

La pile secondaire, ou accumulateur de M. Planté, se compose en principe de deux lames de plomb immergées dans un vase contenant de l'eau acidulée par l'acide sulfurique. Si l'on met les élec-trodes de ces lames en communication avec une pile, l'une se couvre d'hydrogène, l'autre d'un dépôt de peroxyde de plomb.

Lorsque l'accumulateur est chargé, il peut (s'il est parfaitement bien isolé) conserver indéfiniment la quantité d'électricité qui lui a été fournie.

A la décharge, on observe un courant énergique, qui a une durée variable avec la résistance du circuit qui lui est offert. Ces accumulateurs se réunissent en batterie comme les piles ordinaires ; généralement, à la charge, on les groupe en *quantité*, et on les monte en *tension* pour la décharge. — En pratique, il ne convient pas de laisser les accumulateurs chargés plus de deux ou trois semaines (un mois pour des appareils exceptionnels).

D'après M. Planté, l'accumulateur restituerait de 88 à 89 0/0 de la quantité d'électricité qui lui a été fournie ; ce chiffre s'abaisse pour les appareils industriels à 40 et 60 0/0.

En pratique, les accumulateurs se chargent par des machines à courant continu.

Voici quelques données sur deux types d'accumulateurs très employés aujourd'hui.

Faure employa des sels et oxydes de plomb dans ses accumulateurs; *Volckmar* eut l'idée d'enchâsser la matière active (plomb divisé, oxyde de plomb, etc.) dans des cellules ou grilles; *Sellon*, pour assurer la durée des électrodes, les construit en alliages inaltérables de plomb et d'antimoine. C'est la combinaison des trois inventions précédentes qui a conduit la Société française des accumulateurs électriques aux accumulateurs *Faure-Sellon-Volckmar*.

Le dernier modèle (1888), dit à plaques jumelles amovibles, se compose d'une série plus ou moins nombreuse de plaques accouplées par un pont en alliage de plomb et d'antimoine; (la figure 58 représente une de ces plaques jumelles).

En principe, comme le représente la figure schématique 59, la batterie se compose d'un certain nombre de cuves

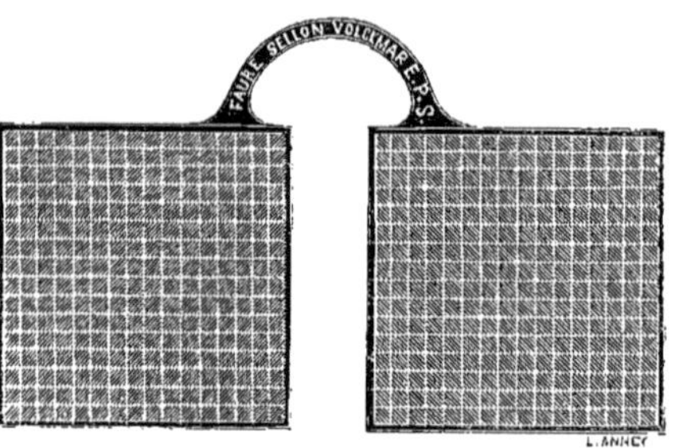

Fig. 58. — Vue d'une plaque jumelle d'un accumulateur Faure-Sellon-Volckmar.

prismatiques $A\,B\,C\,D$ en bois doublé de plomb, placées les unes à côté des autres, dans lesquelles on pose les plaques jumelles a, b, c, d, e, f, g, h, une des plaques b jouant dans une cuve (A) le rôle d'électrode négative, l'autre c dans l'autre cuve (B), d'électrode positive, d'une façon analogue à une batterie de piles électriques, avec cette différence que chaque récipient reçoit un certain nombre

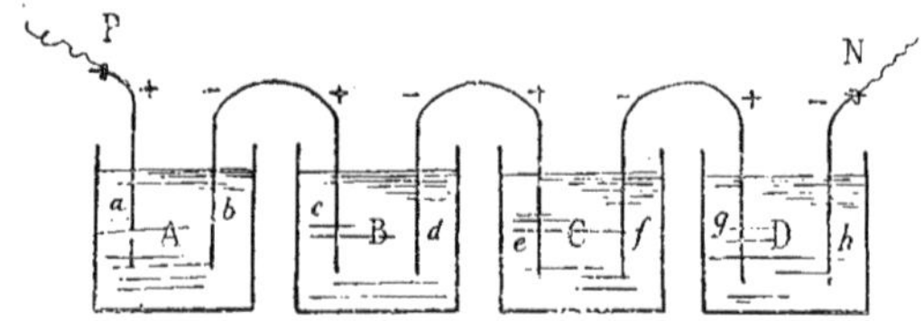

Fig. 59. — Batterie d'accumulateurs.

de plaques positives et négatives. Les plaques sont maintenues à l'écartement voulu au moyen de fourchettes en verre qui empêchent le circuit de se fermer dans une quelconque des cuves. A chaque extrémité de la batterie, les plaques sont simples et se réunissent à un collecteur qui reçoit les bornes P et N, où aboutissent les fils électriques.

Les plaques ressemblent à une grille en alliage Sellon, dans les trous desquelles on comprime du minium, du plomb réduit ou un sel de plomb. Ces plaques réduites durent très longtemps.

Le liquide dans lequel baignent les électrodes est de l'eau distillée additionnée de 10 0/0 d'acide sulfurique pur, à 66 degrés (en volumes). Quand le niveau du liquide baisse par suite de l'évaporation, on le rétablit par une addition d'eau distillée.

Le tableau suivant indique les dimensions et les poids des cuves suivant les intensités et la capacité électrique.

Accumulateurs Faure-Sellon-Volckmar.

DIMENSIONS en millimètres.			POIDS		INTENSITÉ MAXIMUM des courants		CAPACITÉ électrique (ampères, heures).
Longueur.	Largeur.	Hauteur.	Approxima-tif des plaques.	Brut de l'accumula-teur.	A la charge (ampères).	A la décharge (ampères).	
165	90	220	6^k	8^k	6	12	60
	130		10	13	10	20	100
	180		15	20	15	25	150
	190		30	45	30	45	300
	217		40	60	40	60	400
	325		60	85	60	90	600
400	406	300	80	110	80	120	800
	524		100	130	100	150	1000
	632		125	160	125	180	1250
	740		150	200	150	225	1500
	983		200	360	200	300	2000

Ainsi le plus grand modèle, pouvant fournir 2,000 ampères heure, donnera, suivant les cas, un courant de 200 ampères en 10 heures, de 20 ampères en 100 heures, 50 ampères en 40 heures, et ainsi de suite.

Dans les accumulateurs Reynier, les plaques sont formées par une seule feuille de plomb plissée maintenue dans un cadre.

Voici quelques indications à leur sujet.

Accumulateurs Reynier.

DIMENSIONS EXTÉRIEURES en centimètres.			PLAQUES		POIDS total des accumula-teurs.	COURANT		CAPACITÉ électrique (ampères, heures).
Longueur.	Largeur.	Hauteur.	Nombre.	Poids total.		A la charge (ampères)	A la dé-charge maximum (ampères).	
23	11	30	3	3^{k}6	7^k	2 à 3	4	14
	11		4	4.8	8	3 à 4	6	20
	23		9	10.8	18	8 à 12	18	56
	23		13	15.6	23	14 à 18	24	84
42	23		19	22.8	42	20 à 25	40	130
	23		27	32.4	50	30 à 40	60	190

Je n'insisterai pas sur les autres modèles (Kholinsky, de Montaud, Pollak, etc.).

Voici, à titre d'exemple, les résultats d'expériences faites en janvier 1882 par la Commission de l'exposition d'électricité sur les accumulateurs C. Faure (d'après E. Hospitalier).

Accumulateurs. — Lames de plomb (spirales) recouvertes de minium maintenu, appliqué contre elles par du papier parchemin et du feutre (type de 1881), 10 kilogr. de minium par mètre carré. — Liquide : eau distillée et $\frac{1}{10}$ (en poids) d'acide sulfurique.

Batterie de 35 éléments ronds pesant brut chacun 43^{k}7. *Poids total :* 35 × 43.7 = 1529^{kg},500.

Charge par une dynamo Siemens excitée en dérivation (shunt-dynamo).

Durée : 22 heures 45 minutes.

Courant : 11 à 6,36 ampères.

— 91 volts (potentiel moyen).

Quantité totale d'électricité donnée : 694,500 coulombs.

Travail mécanique fourni :

	Kilogrammètres.
Travail de charge effectif...	6,382,100
Excitation de la dynamo....	1,883,600
Echauffement de l'anneau de la dynamo...............	269,800
Résistances passives	1,034,500
Travail total fourni.....	9,570,000

Décharge : durée, 10 heures 39 minutes.
—   courant moyen, 16,2 ampères.
—   —   —   61,5 volts (potentiel moyen) sur 12 lampes Maxime en dérivation.
—   Quantité totale d'électricité rendue, 619,600 coulombs.

La perte a été de 74,900 coulombs (694,500 — 619,600), soit 10 0/0.

Le travail disponible extérieur a été de 3,809,000 kilogrammètres, soit 40 0/0 du travail total fourni (9,570,000) et 60 0/0 du travail emmagasiné (6,382,100).

Certainement l'accumulateur ne restitue pas la totalité de l'énergie électrique qu'il a reçu (les constructeurs accusent un rendement de 75 0/0), mais dans certains cas, cette perte n'a pas une grande importance industrielle lorsque sans accumulateurs on ne pourrait se servir utilement du courant électrique.

Ainsi, supposons qu'un ruisseau, traversant une exploitation agricole, soit susceptible d'actionner une roue hydraulique fournissant la puissance d'un demi-poncelet (50 kilogrammètres par seconde); il est certain que cette puissance serait insuffisante pour certains travaux qui, devant être exécutés rapidement, exigent une certaine quantité de travail mécanique.

On sait, en tenant compte de la transmission, qu'une dynamo produit 650 watts par cheval-vapeur, ou, en adoptant la nouvelle unité mécanique industrielle $\frac{650 \times 100}{75} = 866$ watts par poncelet.

La petite roue hydraulique de l'exemple précédent pourra commander une dynamo donnant $\frac{866}{2} = 433$ watts. Admettons que la dynamo alimente pendant trente-huit heures un accumulateur dont la décharge est utilisée en 10 heures sur une réceptrice, on aurait les résultats suivants en se basant sur les expériences de la commission de l'exposition d'électricité :

Charge. — 50 kilogrammètres par seconde à la roue.
—   433 watts par seconde.
—   en 38 heures, par exemple : 6,840,000 kilogrammètres, 59,234,400 watts.

Décharge. — 40 0/0 du travail total fourni.
—   Durée, 10 heures.
—   658,16 watts par seconde.

La réceptrice absorbant près de 1,100 watts par cheval (voir le chapitre précédent) ou 1 watt donnant 0,07 kilogrammètres par seconde, les 658,16 watts donneront à la réceptrice 0,46 poncelets.

Ainsi, le travail fourni à l'accumulateur est, déduction faite des résistances passives de la transmission et des pertes de la génératrice, de 6,840,000 kilogrammètres ; avec un rendement de 40 0/0 l'accumulateur donnerait 2,736,000 kilogrammètres ; mais le rendement de la réceptrice étant de 60 0/0, on n'obtiendra que 1,641,600 kilogrammètres pratiquement utilisables, soit près de 46 kilogrammètres par seconde pour une durée de travail de 10 heures.

On peut dresser le tableau suivant d'après les données précédentes :

| PUISSANCE motrice à la génératrice. | DURÉE | | PUISSANCE motrice à la réceptrice (poncelets). | NOMBRE de jours de marche de la réceptrice. |
	De la charge des accumulateurs.	De la décharge.		
1 poncelet.	38 heures.	10 heures.	0.91	1 sur 2
1 —	60 —	10 —	1.44	1 — 3
1 —	86 —	10 —	2.06	1 — 4
1 —	110 —	10 —	2.64	1 — 5

Ainsi, avec une roue hydraulique de la puissance de 2 poncelets (2 chevaux-vapeur 2/3) et une transmission directe par l'énergie électrique on n'aurait à la réceptrice, avec un rendement de 60 0/0, qu'une puissance disponible de 1,2 poncelet (1 cheval 1/3), qui serait insuffisante pour les battages, par exemple.

Tandis qu'avec les accumulateurs, en marchant un jour sur deux, on aurait pendant dix heures une puissance à la réceptrice de près de 2 poncelets (182 kilogrammètres par seconde, ou 2,42 chevaux-vapeur), et en marchant un jour sur cinq, près de 5,28 poncelets, ou 7 chevaux-vapeur.

Enfin, si l'on dispose d'une machine à vapeur qui ne fonctionne que le jour, l'accumulateur pourra devenir générateur pendant la nuit pour l'éclairage de la ferme.

Les accumulateurs peuvent encore être employés comme *régulateurs* pour atté-

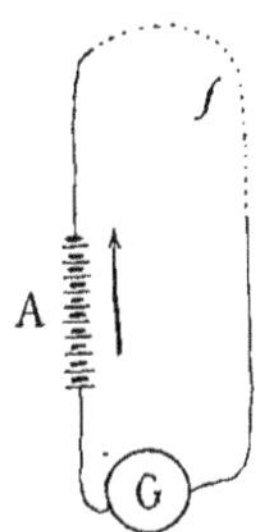

Fig. 60. — Accumulateur intercalé dans un circuit.

nuer les oscillations provenant des irrégularités du moteur (cas général des installations agricoles) ; pour cette application, l'accumulateur *A* est monté en tension sur le circuit *f*, ainsi que le représente schématiquement la figure 60, dans laquelle *G* est la machine génératrice.

Les accumulateurs ont une durée de deux à cinq ans, au bout desquelles les plaques commencent à se fendiller.

L'installation des accumulateurs est très simple, un commutateur permet de mettre en communication l'accumulateur tantôt avec la dynamo-génératrice, tantôt avec le circuit. La charge a lieu avec un courant dont l'intensité est comprise entre 0,5 et 1 ampère par kilogramme de plaque ; il faut environ 2 volts 1/2 par élément.

La charge demande plus de temps quand les accumulateurs sont neufs ou complètement épuisés ; il ne faut jamais pousser la charge trop loin, et de même les décharger complètement.

On reconnaît qu'un accumulateur est chargé à saturation quand il se produit un dégagement continu de gaz sur les électrodes et quand la densité du liquide augmente (ce que l'on peut constater à l'aide d'un aéromètre).

Les accumulateurs dégageant des gaz explosibles (mélange d'oxygène et d'hydrogène) doivent être placés dans un lieu bien ventilé, et où il ne se trouve pas de lampes à feu nu.

CHAPITRE VII

RÉSUMÉ ET CONCLUSIONS

Il résulte de l'ensemble de cette étude, dont certains points ont été souvent présentés sous une forme aride mais déterminée par la nature même du sujet, que dans un avenir prochain l'électricité trouvera de nombreuses applications à la ferme.

C'est précisément pour aller au devant de ces applications que j'ai cru utile de mettre le lecteur au courant de la situation actuelle. Beaucoup de personnes seraient désireuses de se servir de l'électricité, mais sont retardées parce qu'elles ne possèdent pas des données pratiques à ce sujet, données qui ne figurent pas, à notre point de vue spécial, même dans les récents traités de physique; d'autres, enfin, initiées dans les principes généraux, verront peut-être, d'après les documents qui précèdent, qu'ils pourraient avantageusement introduire l'électricité dans leur exploitation rurale.

En résumé, au point de vue agricole, les deux grandes utilisations de l'électricité sont : la lumière et la transmission de la puissance.

Je ne reviendrai pas sur les avantages que présente l'emploi de la lumière électrique, notamment la lumière par incandescence, dans les fermes où les incendies sont faciles à naître et difficiles à éteindre,

Pour la transmission et la puissance, la question est très importante et peut se diviser en deux groupes qu'on peut appeler les transmissions intra-muros et les transmissions extra-muros.

Les transmissions dans l'intérieur même de la ferme peuvent être très fréquemment employées et avec le plus de succès, étant placées sous la surveillance immédiate du chef.

Dans combien de fermes ne voit-on pas dans un bâtiment fonctionner la machine à vapeur, tandis qu'en même temps, à une faible distance, dans un autre bâtiment, se trouve un homme qui fait mouvoir un tarare, un coupe-racines, etc., etc.? Si l'on interroge l'agriculteur sur cet état de choses, il répondra que certainement il vaudrait mieux que la machine à vapeur actionnât le tout, mais qu'il faudrait pour cela installer des arbres de couche souvent très longs, ou des transmissions télodynamiques, des renvois, etc., etc. Ici, dans cet exemple, l'électricité se plie avec une merveilleuse facilité aux différentes dispositions des bâtiments d'une ferme, quelles que soient leurs positions respectives. Il n'y a aucun alignement ou ligne parallèle ou perpendiculaire à observer ; l'organe essentiel de la transmission est un fil, un câble qui passe à l'endroit le plus commode, contre un mur, en l'air, sous terre, etc.

Mais le plus bel emploi de la transmission de la puissance par l'énergie électrique est celui d'une machine génératrice placée à une certaine distance de la ferme, envoyant le courant à un poste central d'où il se bifurquerait, à l'aide de commutateurs, à différentes réceptrices installées soit à poste fixe, soit en locomobiles : à poste fixe dans l'atelier de préparation des aliments du bétail pour le fonctionnement des concasseurs, aplatisseurs, coupe-racines, hache-paille ; dans les greniers, pour la mise en marche du tarare et du trieur ; pour la manœuvre des pompes à eau d'alimentation et à purin. Une dynamo pourrait être montée en locomobile, accouplée à la batteuse même pour le battage en plein air et permettrait ainsi à la machine de se rapprocher successivement de chaque meule de gerbes, ou parcourir successivement les différentes travées de la grange.

Ce que je viens de dire n'est donné qu'à titre d'exemple pour faire saisir les nombreuses et variées applications que l'on peut tirer de la transmission de la puissance à l'aide de l'électricité.

Dans toutes ces applications, force ou lumière, il est indispensable de créer ou d'engendrer le fluide électrique et on ne l'obtient industriellement qu'à l'aide des dynamos. L'emploi des piles hydro-électriques n'est pas pratique : le courant qu'elles fournissent revient à un prix trop élevé, et s'il y a un jour une application des piles, ce sera des *piles thermo-électriques*, c'est-à-dire des appareils formés de différents métaux dont les soudures sont portées à une certaine température ; dans ce genre de générateur il y a la pile Clamond, chauffée au coke comme un véritable calorifère. C'est aux chercheurs à reprendre cette idée qui de prime abord est très séduisante en ce sens qu'elle permettrait de supprimer un intermédiaire coûteux : la machine motrice à vapeur ; l'installation comprendrait alors une pile chauffée directement (comme une chaudière), un circuit et une ou plusieurs réceptrices.

Mais, dans l'état actuel, il est plus économique de se servir d'un moteur à vapeur et à plus forte raison d'une puissance naturelle (moteur hydraulique).

Il ne faudrait pas non plus pousser les choses à l'extrême et installer une machine à vapeur spécialement affectée au service électrique de la ferme : ce qui est avantageux pour les stations et usines centrales dans nos grandes villes, deviendrait ruineux dans nos exploitations rurales.

Au contraire, l'installation électrique trouve sa place naturelle dans les fermes auxquelles est annexée une industrie (distillerie, laiterie, etc.) ; là, la machine à vapeur existe déjà, avec une puissance peut-être plus que suffisante et l'accouplement d'une dynamo sur la transmission est chose généralement facile. Dans cet exemple, il y a deux cas à considérer :

1° La machine à vapeur effectue un travail de jour et de nuit.

2° La machine ne travaille que le jour.

Dans le premier cas, on se contentera seulement d'une dynamo commandant directement le circuit.

Dans le second, lorsqu'il s'agira de l'éclairage électrique, afin d'éviter de chauffer spécialement la machine à cet effet, on emploiera des accumulateurs chargés le jour par la dynamo et déchargés la nuit dans le circuit.

Pour les transmissions à distance, il y a également deux cas à considérer :

1° La machine motrice a une puissance suffisante.

2° Elle a une puissance insuffisante pour le travail que l'on exige à la réceptrice.

Dans le premier cas, le moteur sera directement accouplé avec une génératrice reliée au circuit. La génératrice sera mise en marche au moment voulu.

Dans le second cas, le travail exigé à la ferme étant intermittent, la génératrice marchant continuellement, enverra le courant à une batterie d'accumulateurs qui seront reliés au moment voulu avec le circuit extérieur.

En résumé, les applications de l'électricité à la ferme, puissance et lumière, ne sont possibles que si l'on dispose déjà d'un moteur que l'on n'a pas besoin d'installer ou de faire marcher spécialement pour le service électrique ; elles sont par conséquent encore plus économiques si l'on dispose d'une puissance hydraulique dont le travail revient à meilleur marché que celui fourni par la machine à vapeur.

Un très bel exemple d'installation électrique agricole se rencontre sur le domaine de Noisiel appartenant à MM. Menier. Une des fermes du domaine, la ferme du Buisson, est reliée à l'usine de Noisiel par des câbles qui apportent l'énergie électrique (produite par la chute d'eau de Noisiel) nécessaire à l'éclairage de la ferme et à la mise en marche des machines : deux installations de transmissions sont en usage courant au Buisson :

1° Une machine à battre d'Albaret, locomobile à grand travail, munie d'un appareil lieur, accouplée directement à une dynamo, d'une puissance de 8 chevaux.

2° Une petite dynamo commande l'atelier de manipulation des aliments et actionne un laveur, un élévateur, un coupe-racines, un hache-paille, un concasseur et un aplatisseur.

Dans combien de cas les agriculteurs ne trouveraient-ils pas avantage soit à louer des petits moulins déjà installés (beaucoup de ces moulins sont aujourd'hui à louer à bas prix, abandonnés qu'ils sont par suite de la crise provenant de la substitution des cylindres aux meules), et dans combien de cas ne pourrait-on pas établir une chute d'eau spécialement affectée au service de la ferme?

On a eu aussi l'idée d'utiliser les moteurs à vent; mais le problème, qui devient plus complexe, présente moins de chances de succès : il faut, en effet, un intermédiaire entre le moteur à vent et la dynamo; cette dernière, pour fonctionner dans de bonnes conditions, exigeant un mouvement uniforme(1). L'installation par moulin à vent comprendrait, en général :

Un moulin à vent actionnant des pompes élevant l'eau dans un réservoir. L'eau du réservoir s'écoulerait pendant un temps donné sur une roue ou un autre moteur hydraulique auquel serait accouplée la dynamo, qui probablement nécessiterait l'emploi d'accumulateurs.

Il y a là trop de machines intermédiaires pour que l'application soit économique, même avec la puissance gratuite du vent; ainsi, pour fixer les idées, supposons, dans les meilleures conditions de fonctionnement, que les rendements soient :

Pour la pompe, 70 0/0.
— le moteur hydraulique, 80 0/0.

Pour la transmission et dynamo (rendement électrique), 90 0/0.
— les accumulateurs, 40 0/0.

Le rendement électrique final serait :

$$0,70 \times 0,80 \times 0,90 \times 0,40 = 0,2016.$$

S'il s'agit d'une transmission de puissance, en fixant le rendement de la réceptrice à 50 0/0, le rendement final serait de $0,20 \times 0,5 = 0,10$.

C'est-à-dire qu'on ne dépasserait pas au maximum 10 0/0 et qu'au contraire il y aurait beaucoup de chances pour obtenir en pratique un rendement bien plus faible qui n'atteindrait peut-être pas 6 à 7 0/0. Or, faire une installation si compliquée et par suite si coûteuse pour ne recueillir que 7 0/0 du travail utile fourni par le moteur à vent, n'est pas à conseiller, même, comme certaines personnes pensaient le faire, en établissant les moteurs sur le littoral où le vent souffle d'une façon presque continue.

On peut encore examiner la question sous une autre face. Beaucoup d'usines installées en pleine campagne, notamment les sucreries, ont des moteurs à vapeur qui chôment une grande partie de l'année. Pourquoi, après entente avec les agriculteurs compris dans un rayon de 5 à 6 kilomètres, ces usines ne pourraient-elles pas se transformer en usines centrales d'électricité à l'instar de celles établies dans nos villes? L'usinier et l'agriculteur y trouveraient certes un profit, l'un en utilisant une partie de son matériel, l'autre en ne payant que l'électricité consommée, alors qu'aujourd'hui les compteurs d'électricité sont rentrés dans la pratique courante.

Si nous généralisons, il n'y a pas que les sucreries qui peuvent se transformer en générateurs d'électricité utilisée dans les exploitations agricoles environnantes; il y a tous les établissements industriels répartis en si grand nombre dans nos campagnes : les filatures, les minoteries, les usines métallurgiques, les fabriques de produits chimiques, les mines, etc., etc. La solution de ce problème aurait une importance sociale et économique de premier ordre, et peut-être est-il réservé à l'*Électricité* de provoquer le rapprochement intime de l'*Industrie* et de l'*Agriculture* et de nous faire assister à l'union fraternelle des travailleurs concourant chacun dans leur sphère d'action au bien-être de la Société.

---

(1) Plusieurs ingénieurs s'occupent actuellement d'assurer, par un réglage électrique, le mouvement uniforme des moteurs à vent.

TABLE DES MATIÈRES

CHAPITRE IV

L'ÉCLAIRAGE ÉLECTRIQUE

CHAPITRE V

TRANSMISSION DE LA PUISSANCE

CHAPITRE VI

EMMAGASINEMENT DE L'ÉNERGIE ÉLECTRIQUE

CHAPITRE VII

RÉSUMÉ ET CONCLUSIONS. . . . .